ARITHMÉTIQUE
PRIMAIRE
ÉLÉMENTAIRE,

PAR

C. A. CHARDON.

1re ET 2e PARTIE.

CONTENANT 400 EXERCICES ET 400 PROBLÈMES
GRADUÉS, VARIÉS ET COMBINÉS
AVEC LEURS SOLUTIONS.

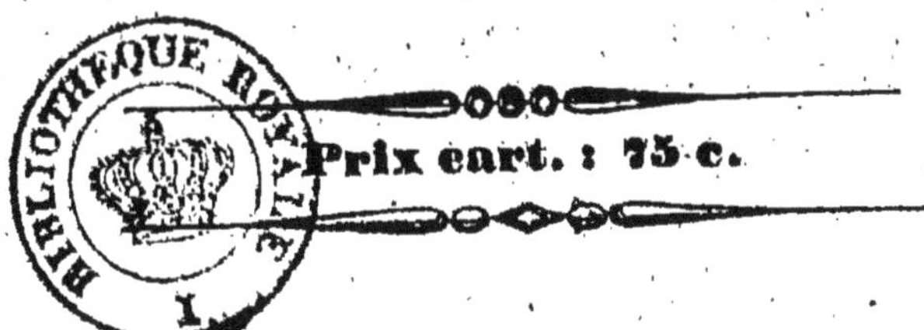

Prix cart. : 75 c.

PARIS.

HACHETTE, Libraire de l'Université, rue Pierre-Sarrazin, 12;
J. MORONVAL, Libraire, rue Galande, 65 ;
MAUGARS, Libraire, rue Ste-Croix-de-la-Bretonnerie, 32;
Chez l'auteur, rue Neuve-d'Orléans, 11, à Montrouge;
A LYON, chez Veuve CHARDON, rue des Bouchers, 18;
Et chez les principaux Libraires classiques.

1845

Imprimerie de Chassaignon, r. Gît-le-Cœur, 7

PRÉFACE.

Au milieu des progrès qui se manifestent de toutes parts, dans les arts, dans l'industrie, l'instruction n'est pas demeurée stationnaire, elle a perfectionné ses méthodes, et partout on abandonne la routine pour suivre une voie plus rationnelle et plus intelligente.

Mais ce qui manque encore dans les écoles, ce sont des livres à la portée des élèves, et qui, tout en leur facilitant l'étude, diminuent la tâche des maîtres. En un mot, il faut des livres qui soient faits pour ceux qui ignorent et non pour ceux qui savent, comme ne le sont que trop souvent les livres classiques.

Tant que les ouvrages élémentaires ne seront pas pratiques, à la portée des élèves par leur clarté et leur simplicité, et surtout d'un prix accessible à tous, l'instruction primaire languira.

C'est pour combler une lacune qui existe dans les livres sur l'arithmétique, que j'ai entrepris ce travail, et je me suis efforcé de lui faire justifier son titre : *Arithmétique primaire élémentaire*.

Cet ouvrage est divisé en trois parties :

La PREMIÈRE PARTIE, qui est l'alphabet de l'arithmétique, contient : les Notions préliminaires, la Dénomination des nombres, la Numération parlée et écrite, les Décimales,

les Chiffres arabes, français et romains, le Système métrique et l'Addition avec 100 Exercices et 100 Problèmes.

La DEUXIÈME PARTIE comprend : la Soustraction, la Multiplication et la Division. La Solution de toutes les difficultés que présentent ces deux dernières opérations est rendue facile par de nombreux exemples que leur clarté dispense d'explications. Chaque règle contient une Table, 100 Exercices et 100 Problèmes gradués, variés et combinés, avec leurs Solutions.

La TROISIÈME PARTIE, ou complément de l'arithmétique primaire, comprend : les Proportions, les règles de Trois, d'Intérêt, d'Escompte, de Société, de Temps, de Mélange, les Fractions, les Racines, la Définition et la Mesure des Surfaces et des Solides, et plus de 500 Problèmes d'application, sur les arts et les sciences, avec leurs Solutions; et de nombreux Mémoires d'ouvriers, Quittances, Factures et Billets.

Chaque partie est traitée d'une manière complète, en raison de son importance, et renferme souvent plus de principes et de détails utiles que beaucoup d'ouvrages plus volumineux.

Au moyen de cette division en trois parties, l'élève peut ne se procurer que la partie dont il a besoin, ce qui lui en facilite l'acquisition.

J'ai mis les solutions à la suite des problèmes, afin que les élèves puissent travailler seuls et vérifier eux-mêmes s'il ont bien opéré. De cette manière, ils acquièrent facilement la pratique du calcul et s'habituent à raisonner les problèmes.

ARITHMÉTIQUE
PRIMAIRE
ÉLÉMENTAIRE.

PREMIÈRE PARTIE.

NOTIONS PRÉLIMINAIRES.

1. L'*Arithmétique* est la science des nombres; elle en considère la nature et les propriétés; son but est de donner des règles sûres et faciles pour représenter les nombres, les augmenter et les diminuer.

2. Un *nombre* exprime combien il y a d'unités ou de parties d'unité dans une quantité.

3. L'*unité* est la chose que l'on a en vue, comme terme de comparaison, lorsqu'il s'agit de compter ou de désigner combien il y en a de semblables dans une quantité.

Exemple. Cinq francs, trente mètres, six heures : le franc, le mètre, l'heure sont des unités.

4. On appelle *quantité* tout ce qui est susceptible d'augmentation ou de diminution : l'étendue, la durée, le poids sont des quantités.

5. Le *Calcul* est l'art d'écrire les nombres, de les augmenter, de les diminuer et de les combiner les uns avec les autres au moyen de diverses opérations fournies par l'Arithmétique.

6. Le Calcul se borne à la pratique des opérations, l'Arithmétique joint la théorie à la pratique.

7. Les opérations fondamentales de l'Arithmétique, sont : l'Addition, la Soustraction, la Multiplication et la Division; on les appelle fondamentales, parce que toutes les autres opérations, même les plus compliquées, ne sont que la combinaison de celles-là.

8. L'Addition et la Multiplication servent à augmenter les nombres; la Soustraction et la Division à les diminuer.

9. On nomme *problème* toute proposition qui renferme une question à résoudre.

10. La résolution d'un problème comprend deux choses : la *solution*, qui indique les opérations qu'il faut faire pour remplir toutes les conditions du problème; et le *calcul*, qui est l'exécution des opérations indiquées par la solution.

DÉNOMINATION DES NOMBRES.

On distingue plusieurs espèces de nombres.

11. Les nombres *abstraits* sont ceux dont on ne désigne pas l'espèce des unités, comme 8, 26, 249, etc.

12. Les nombres *concrets* sont ceux dont on désigne l'espèce des unités, comme 8 francs, 26 mètres, 849 maisons.

13. Les nombres *entiers* sont ceux qui ne se composent que d'unités entières, comme 8, 64, 245 litres, 306 francs.

14. Les nombres *décimaux* sont ceux qui contiennent des unités et des décimales,

comme 5 unités 25 centièmes, 64 mètres 5 décimètres.

15. Les nombres *complexes* sont ceux dont le système de décomposition n'est pas décimal, comme 4 jours, 6 heures, 12 minutes, 45 secondes.

16. Les nombres *pairs* sont ceux qui peuvent se partager en deux nombres égaux et entiers : tous les nombres terminés par 2, 4, 6, 8 et 0 sont pairs.

17. Les nombres *impairs* sont ceux qui ne peuvent se partager en deux nombres égaux et entiers : les nombres terminés par 1, 3, 5, 7 et 9 sont impairs.

18. Un nombre est *multiple* d'un autre, lorsqu'il le contient plusieurs fois exactement.

19. Un nombre est *sous multiple* d'un autre, lorsqu'il est contenu dans ce nombre plusieurs fois exactement.

Ainsi, 15, 25, 30, sont les multiples de 5, parce qu'on les obtient en multipliant 5 par 3, par 5 et par 6; et 3, 5, 6 sont les sous-multiples de 30, parce qu'ils sont contenus un nombre exact de fois dans ce nombre.

20. On appelle nombres *premiers* ceux qui n'ont pas de sous-multiples, tels sont : 1, 3, 5, 7, 11, etc.

EXPLICATION

DES SIGNES ET DES ABRÉVIATIONS.

$+$ signifie plus ou l'addition.
$-$ . . . . moins ou la soustraction.
$\times$ . . . . multiplié par.
$:$ . . . . divisé par, ou est à.
$\therefore$ . . . . comme.
$=$ . . . . égale.

F ou fr. . . franc.
c. ou cent. centimes.
m. . . . . . mètre.
k. . . . . . kilogramme ou kilomètre.
hect. . . . hectogramme, hectolitre ou hectare.
gr. . . . . gramme.
p °/° . . . pour cent.
x. . . . . . terme inconnu.
R . . . . . réponse.

NUMÉRATION.

21. La numération est l'art de former les nombres, de les énoncer et de les représenter.

22. Elle se divise en numération parlée et en numération écrite.

23. La *numération parlée* enseigne à énoncer tous les nombres avec une petite quantité de mots, nommés noms de nombres, ce sont : un, deux, trois, quatre, cinq, six, sept, huit, neuf, dix, onze, douze, treize, quatorze, quinze, seize, vingt, trente, quarante, cinquante, soixante, cent, mille, million, billion, trillon.

24. La *numération écrite* apprend à représenter tous les nombres avec dix caractères, nommés chiffres, ce sont :

1	2	3	4	5	6	7	8
Un,	deux,	trois,	quatre,	cinq,	six,	sept,	huit,

9	0.
neuf,	zéro.

NUMÉRATION.

Parlée.	*Ecrite.*	*Parlée.*	*Ecrite.*
Un	1	Trente-sept	37
Deux	2	Trente-huit	38
Trois	3	Trente-neuf	39
Quatre	4	Quarante	40
Cinq	5	Quarante-un	41
Six	6	Quarante-deux	42
Sept	7	Quarante-trois	43
Huit	8	Quarante-quatre	44
Neuf	9	Quarante-cinq	45
Dix	10	Quarante-six	46
Onze	11	Quarante-sept	47
Douze	12	Quarante-huit	48
Treize	13	Quarante-neuf	49
Quatorze	14	Cinquante	50
Quinze	15	Cinquante-un	51
Seize	16	Cinquante-deux	52
Dix-sept	17	Cinquante-trois	53
Dix-huit	18	Cinquante-quatre	54
Dix-neuf	19	Cinquante-cinq	55
Vingt	20	Cinquante-six	56
Vingt-un	21	Cinquante-sept	57
Vingt-deux	22	Cinquante-huit	58
Vingt-trois	23	Cinquante-neuf	59
Vingt-quatre	24	Soixante	60
Vingt-cinq	25	Soixante-un	61
Vingt-six	26	Soixante-deux	62
Vingt-sept	27	Soixante-trois	63
Vingt-huit	28	Soixante-quatre	64
Vingt-neuf	29	Soixante-cinq	65
Trente	30	Soixante-six	66
Trente-un	31	Soixante-sept	67
Trente-deux	32	Soixante-huit	68
Trente-trois	33	Soixante-neuf	69
Trente-quatre	34	Soixante-dix *	70
Trente-cinq	35	Soixante-onze	71
Trente-six	36	Soixante-douze	72

Parlée.	*Ecrite.*	*Parlée.*	*Ecrite.*
Soixante-treize	73	Quatre-vingt-dix-sept	97
Soixante-quatorze	74	Quatre-vingt-dix-huit	98
Soixante-quinze	75	Quatre-vingt-dix-neuf	99
Soixante-seize	76	Cent	100
Soixante-dix-sept	77	Deux cents	200
Soixante-dix-huit	78	Trois cents	300
Soixante-dix-neuf	79	Quatre cents	400
Quatre-vingts *	80	Cinq cents	500
Quatre-vingt-un	81	Six cents	600
Quatre-vingt-deux	82	Sept cents	700
Quatre-vingt-trois	83	Huit cents	800
Quatre-vingt quatre	84	Neuf cents.	900
Quatre-vingt-cinq	85	Mille	1000
Quatre-vingt-six	86	Deux mille	2000
Quatre-vingt-sept	87	Trois mille	3000
Quatre-vingt-huit	88	Quatre mille	4000
Quatre-vingt-neuf	89	Cinq mille	5000
Quatre-vingt-dix*	90	Six mille	6000
Quatre-vingt-onze	91	Sept mille	7000
Quatre-vingt-douze	92	Huit mille	8000
Quatre-vingt-treize	93	Neuf mille	9000
Quatre-vingt-quatorze	94	Dix mille	10.000
Quatre-vingt-quinze	95	Cent mille	100.000
Quatre-vingt-seize	96	Million	1.000.000

Dix millions	10.000.000
Cent millions	100.000.000
Billion ou milliard	1.000.000.000
Dix billions	10.000.000.000
Cent billions	100.000.000.000
Trillion	1.000.000.000.000

* Dans l'est et le midi de la France, au lieu de *soixante-dix*, *quatre-vingts* et *quatre-vingt-dix*, on dit *septante*, *octante*, *nonante*, ce qui est plus conforme à l'analogie.

Parlée.	*Écrite.*
Deux cent trente-un	231
Huit cent vingt-neuf	829
Neuf cent quatre-vingt-trois	983
Quatre mille huit cent quatorze	4.814
Soixante mille cent trente-six	60.136
Vingt quatre mille cent cinquante	24.150
Cinq cent soixante-dix-sept	577
Six mille sept cent quarante-cinq	6.745
Quatre cent douze mille trois cent deux	412.302
Cent quatre mille trois cent huit	104.308
Douze mille deux cent trente-sept	12.237
Deux cent un mille quatre cents	201.400
Quatre millions neuf cent mille huit cent douze	4.900.812
Trois millions sept cent cinquante mille quinze	3.750.015
Soixante-dix millions quatre-vingt-trois mille trente	70.083.030
Six cent deux millions huit cent mille quatre-vingt-un	602.800.081
Quarante-sept millions cinq cent cinquante mille vingt	47.550.020
Vingt-quatre millions neuf mille huit cent onze	24.009.811
Quinze millions sept cent vingt-six mille treize	15.726.013
Deux billions quarante-sept millions trois mille deux cents	2.047.003.200
Dix-huit trillons soixante cinq billions seize mille neuf cents	18.065.000.016.900

25. Pour lire facilement un nombre de plusieurs chiffres, il faut le partager par des points, en tranches de trois chiffres, en commençant par la droite, la dernière tranche à gauche pouvant

avoir moins de trois chiffres, et leur donner les noms suivants : *unités, mille, millions, billions, trillions*; puis lire chaque tranche, comme si elle était seule, en donnant aux unités les noms de la tranche, soit à lire le nombre 87.654.021.904.567.

du	cdu	cdu	cdu	cdu
87.	654.	021.	904.	567.
trillions.	billions.	millions.	mille.	unités.

Ce nombre se lit : quatre-vingt-sept *trillions*, six cent cinquante-quatre *billions*, vingt-un *millions*, neuf cent quatre *mille*, cinq cent soixante-sept *unités*.

26. Les chiffres ont deux valeurs : une valeur absolue qui est celle qu'ils ont étant pris isolément, et une valeur relative qui dépend du rang qu'ils occupent. Ainsi, dans 236, la valeur absolue du 2 est deux, et sa valeur relative est deux cents; la valeur absolue du 3 est trois, et sa valeur relative trente ou trois dizaines; le 6 n'a que sa valeur absolue étant placé au premier rang.

DÉCIMALES.

27. Les décimales sont des parties dix fois, cent fois, mille fois, etc, plus petites que l'unité, et qui sont successivement de dix en dix fois plus petites les unes que les autres.

28. Ces parties se nomment dixièmes (0,1), centièmes (0,01), millièmes (0,001), etc., suivant qu'elles sont contenues dix fois, cent fois, mille fois, dans l'unité.

29. On écrit les décimales à la droite des

entiers, en les séparant de ces derniers par une virgule; le premier chiffre à droite de la virgule représente les dixièmes, le second les centièmes, le troisième les millièmes, et ainsi de suite en allant de gauche à droite; lorsqu'il n'y a pas d'entiers, on met à la gauche de la virgule un zéro qui en tient la place.

30. Les zéros placés à la droite des décimales n'en changent pas la valeur.

Exemple. 0,5 = 0,50 = 0,500 = 0,5000 etc.

NUMÉRATION DES DÉCIMALES.

Parlée.	*Ecrite.*
Six dixièmes	0,6
Cinq centièmes	0,05
Huit millièmes	0,008
Trois dix-millièmes	0,0003
Trente-cinq centièmes	0,35
Six cent cinquante-deux millièmes	0,652
Six unités vingt-cinq millièmes	6,025
Dix-neuf unités sept cent six millièmes	19,706
Six cent huit millièmes	0,608
Deux cent trois unités quatre dixièmes	203,4
Cinq unités sept centièmes	5,07
Quatre mille cinq cent soixante-dix-huit dix-millièmes	0,4578
Six unités cinq cent quatre-vingt-douze millièmes	6,592
Huit cent vingt-un millièmes	0,821
Vingt unités soixante-cinq centièmes	20,65
Mille unités cinquante centièmes	1000,50
Deux unités quatre cent un mille trente-cinq millionièmes	2,401.035
Six cent trente-six dix-millièmes	0,0636

Parlée.	*Écrite.*
Quatre unités cinq cents millièmes	4,500
Mille huit unités cinq millièmes	1.008,005
Quatre - vingt - quinze millièmes	0,095
Cinq cent quatre-vingt-dix millièmes	0,590
Sept cent quarante-cinq dix-millièmes	0,0745
Quatre-vingt-sept dix-millièmes	0,0087
Neuf cent trois unités trente millièmes	903,030
Six mille cent huit millioniėmes	0,006.108
Mille huit unités quatre vingt-cinq millièmes	1.008,085
Soixante-dix unités trois cent quatre-vingt-quinze millièmes	70,395
Vingt mille trente-six unités huit mille cinq dix-millièmes	20.036,8005
Trois mille sept unités six cent quatre-vingt-sept dix-millièmes	3.007,0687
Trois cent quatre unités six cent soixante-quinze millièmes	304,675
Soixante-cinq mille huit cent cinquante-sept cent-millièmes	0,65.857
Trente-cinq mille six cent-vingt-cinq millioniėmes	0,035.625
Quatre millions trente mille six unités cinq millièmes	4.030.006,005
Vingt-six unités sept cent vingt-cinq mille quinze millioniėmes	26,725.015
Quinze mille trois unités trente-cinq centièmes	15.003,35
Trois mille huit cent quatre-vingt-quinze dix-millièmes	0,3895
Soixante-dix mille sept cent trois unités quatre dix-millièmes	70.703,0004

CHIFFRES ARABES, FRANÇAIS ET ROMAINS.

31. On écrit aussi les nombres au moyen de sept lettres : les minuscules sont appelées chiffres français et les majuscules chiffres romains.

iouj	v	x	l	c	d	m	*$\overline{x}$	$\overline{c}$	$\overline{m}$
I	V	X	L	C	D	M	*$\overline{X}$	$\overline{C}$	$\overline{M}$
1	5	10	50	100	500	1.000	10.000	100.000	1.000.000

CHIFFRES.

Arabes.	Français.	Romains.	Arabes.	Français	Romains
1	i	I	30	xxx	XXX
2	ij	II	40	xl	XL
3	iij	III	50	l	L
4	**jv	IV	60	lx	LX
5	v	V	70	lxx	LXX
6	vj	VI	80	lxxx	LXXX
7	vij	VII	90	xc	XC
8	viij	VIII	100	c	C
9	jx	IX	200	cc	CC
10	x	X	300	ccc	CCC
11	xj	XI	400	cd	CD
12	xij	XII	500	d	D
13	xiij	XIII	600	dc	DC
14	xjv	XIV	900	cm	CM
15	xv	XV	1500	md	MD
16	xvj	XVI	100.000.000	$\overline{cm}$	$\overline{CM}$
17	xvij	XVII	1792	mdccxcij	MDCCXCII
18	xviij	XVIII	1830	mdcccxxx	MDCCCXXX
19	xjx	XIX	1845	mdcccxlv	MDCCCXLV
20	xx	XX	1910	mcmx	MCMX

* Une lettre surmontée d'un trait vaut mille fois plus.

** Quand une lettre de moindre valeur est à la gauche d'une lettre de plus grande valeur, il faut retrancher la première de la seconde.

32. Le système métrique est l'ensemble des poids et mesures qui ont pour base le mètre.

33. Le MÈTRE, unité des mesures de longueur, est égal à la dix-millionième partie du quart du méridien terrestre.

34. L'ARE, unité des mesures agraires, égale un carré de 10 mètres de côté ou de 100 mètres carrés.

35. Le STÈRE, unité des mesures pour les bois de chauffage, vaut un mètre cube.

36. Le LITRE, unité des mesures de capacité pour les liquides et les matières sèches, vaut un décimètre cube.

37. Le GRAMME, unité des mesures de poids, est égal au poids d'un centimètre cube d'eau pure.

38. Le FRANC, unité de monnaie, pèse cinq grammes, il est composé de neuf dixièmes d'argent et d'un dixième de cuivre.

39. Pour indiquer des mesures de dix en dix fois plus grandes ou de dix en dix fois plus petites que l'unité, on emploie les mots suivants :

MULTIPLES.	SOUS-MULTIPLES.
MYRIA qui signifie dix-mille	DÉCI signifie dixième partie.
KILO. . . . . mille.	CENTI. . . centième. »
HECTO. . . . . cent.	MILLI. . . millième. »
DÉCA. . . . . dix.	

UNITÉS. Mètre, Are, Stère, Litre, Gramme, Franc.

40. Ces sept mots se placent devant les six mots qui représentent les unités, ils suffisent pour exprimer toutes les mesures, depuis les plus grandes jusqu'aux plus petites.

41. Chacune des mesures de poids et de capacité a son double et sa moitié.

TABLEAU SYNOPTIQUE de toutes les mesures du Système Métrique.

NOMS.	VALEUR.	NOMS.	VALEUR.
MESURES DE LONGUEUR.		MESURES DE CAPACITÉ.	
Myriamètre.	10.000 mètres.	Kilolitre.	1.000 litres.
Kilomètre.	1.000 mètres.	Hectolitre.	100 litres.
Hectomètre.	100 mètres.	Décalitre.	10 litres.
Décamètre.	10 mètres.	LITRE.	1 décimètre cube.
MÈTRE.	Unité fondamentale.	Décilitre.	10e partie du litre.
Décimètre.	10e partie du mètre.	Centilitre.	100e partie du litre.
Centimètre.	100e partie du mètre.	MESURES DE POIDS.	
Millimètre.	1000e partie du mètre.	Myriagramme.	10.000 grammes.
MESURES AGRAIRES.		Kilogramme.	1.000 grammes.
Hectare.	100 ares.	Hectogramme.	100 grammes.
ARE.	100 mètres carrés.	Décagramme.	10 grammes.
Centiare.	1 mètre carré.	GRAMME.	Poids d'un centim. cube d'eau.
MESURES POUR LE BOIS.		Décigramme.	10e partie du gramme.
Décastère.	10 stères.	Centigramme.	100e partie du gramme.
STÈRE.	1 mètre cube.	Milligramme.	1000e partie du gramme.
Décistère.	10e partie du stère.	MONNAIE.	
		FRANC.	Unité monétaire.
		Décime.	10e partie du franc.
		Centime.	100e partie du franc.

ADDITION.

42. L'*Addition* est une opération, par laquelle on joint ensemble plusieurs nombres exprimant des unités de même nature, pour en faire un seul, qu'on appelle *somme* ou *total*.

43. *Pour faire l'Addition*, on écrit d'abord les nombres les uns sous les autres en ayant soin de placer les unités sous les unités, les dizaines sous les dizaines, les centaines sous les centaines, etc. On souligne le tout ; puis, en commençant par la droite, on additionne séparément chaque colonne, on pose dessous les unités qui proviennent de l'addition et l'on retient les dizaines pour les porter à la colonne suivante, excepté à la dernière où l'on pose tout.

44. L'*Addition des nombres décimaux* se fait comme celle des nombres entiers, mais il faut avoir soin de placer au total la virgule au même rang que celui où elle se trouve dans les nombres qu'on a additionnés.

45. La *preuve* d'une opération arithmétique est une autre opération que l'on fait pour s'assurer de l'exactitude de la première.

46. La *preuve de l'addition* se fait en recommençant l'addition par le bas, si on l'a faite en commençant par le haut.

47. Pour additionner facilement, il faut savoir par cœur la table d'addition.

TABLE D'ADDITION.

1 et 1 font 2	4 et 1 font 5	7 et 1 font 8
1 . . 2 . . 3	4 . . 2 . . 6	7 . . 2 . . 9
1 . . 3 . . 4	4 . . 3 . . 7	7 . . 3 . . 10
1 . . 4 . . 5	4 . . 4 . . 8	7 . . 4 . . 11
1 . . 5 . . 6	4 . . 5 . . 9	7 . . 5 . . 12
1 . . 6 . . 7	4 . . 6 . . 10	7 . . 6 . . 13
1 . . 7 . . 8	4 . . 7 . . 11	7 . . 7 . . 14
1 . . 8 . . 9	4 . . 8 . . 12	7 . . 8 . . 15
1 . . 9 . . 10	4 . . 9 . . 13	7 . . 9 . . 16
2 et 1 font 3	5 et 1 font 6	8 et 1 font 9
2 . . 2 . . 4	5 . . 2 . . 7	8 . . 2 . . 10
2 . . 3 . . 5	5 . . 3 . . 8	8 . . 3 . . 11
2 . . 4 . . 6	5 . . 4 . . 9	8 . . 4 . . 12
2 . . 5 . . 7	5 . . 5 . . 10	8 . . 5 . . 13
2 . . 6 . . 8	5 . . 6 . . 11	8 . . 6 . . 14
2 . . 7 . . 9	5 . . 7 . . 12	8 . . 7 . . 15
2 . . 8 . . 10	5 . . 8 . . 13	8 . . 8 . . 16
2 . . 9 . . 11	5 . . 9 . . 14	8 . . 9 . . 17
3 et 1 font 4	6 et 1 font 7	9 et 1 font 10
3 . . 2 . . 5	6 . . 2 . . 8	9 . . 2 . . 11
3 . . 3 . . 6	6 . . 3 . . 9	9 . . 3 . . 12
3 . . 4 . . 7	6 . . 4 . . 10	9 . . 4 . . 13
3 . . 5 . . 8	6 . . 5 . . 11	9 . . 5 . . 14
3 . . 6 . . 9	6 . . 6 . . 12	9 . . 6 . . 15
3 . . 7 . . 10	6 . . 7 . . 13	9 . . 7 . . 16
3 . . 8 . . 11	6 . . 8 . . 14	9 . . 8 . . 17
3 . . 9 . . 12	6 . . 9 . . 15	9 . . 9 . . 18

EXEMPLES D'ADDITIONS.

du	m.cdu	cdm.cdu	du,dc	u,dcm
36	2.436	357.364	46,53	0,450
24	4.703	25	8,45	0,724
35	2.475	675	30,60	0,6
47	7.634	1.420	182,07	0,006
23	8.212	34	0,43	0,107
165	25.460	359.518	268,08	1,887

EXERCICES SUR L'ADDITION.

1	2	3	4	5
25	36	45	61	40
13	42	62	33	63
42	63	51	46	26
36	50	23	25	35
54	42	15	32	24

6	7	8	9	10
32	20	45	62	52
14	31	12	43	60
25	24	36	15	13
43	12	21	36	42
31	43	34	24	35

11	12	13	14	15
31	64	11	56	17
24	20	36	41	28
62	31	65	34	34
16	45	17	20	13
35	62	24	32	62
43	35	63	64	45

16	17	18	19	20
412	630	306	532	475
360	324	125	461	312
145	145	546	250	636
362	361	234	637	742
453	412	507	423	365

21	22	23	24	25
631	734	600	435	134
265	265	352	626	256
434	104	417	145	324
301	321	364	363	136
534	465	626	407	475

26	27	28	29	30
4313	1312	6320	4301	3521
2423	4361	4135	5675	6247
3652	5743	3624	4326	3765
5463	6304	1534	3743	4236
1045	2476	4366	6842	1040

31	32	33	34	35
425	6840	24	4705	8780
362	3025	86	2642	2672
546	1637	39	3785	1325
173	4826	62	4367	4032
264	3437	25	2629	2630

36	37	38	39	40
1275	3640	1245	8750	2365
465	4356	365	3764	61270
336	2743	4230	4000	48
212	1830	6265	3626	7304
435	3675	26	2837	15245

41	42	43	44	45
36,25	17,05	3615,50	4,35	17,50
40,30	412,64	2004,05	2,74	3,20
64,14	36,47	3626,75	3,28	6,05
31,63	2,25	4702,04	9,76	9,70
48,74	314,54	436,66	4,37	6,48

46	47	48	49	50
0,673	37,45	362,750	3,37	14,75
0,435	20,04	4,17	2,68	2,86
1,375	3,6	360,256	0,74	5,74
4,364	437,55	436,475	8,20	4,83
6,685	354,64	30,004	6,78	6,35

51	52	53	54	55
47,65	6847	3,750	45,7	6400,75
2,26	1048	0,025	1402,65	3087,20
3,75	374	0,736	36,24	46,36
73,64	68	1,320	45,46	2,63
36,75	736	1,645	614,25	54,01
47,64	5425	3,215	371,97	4637,20

56	57	58	59	60
725	620	215	615	329
431	244	420	236	412
625	270	506	425	324
132	426	524	542	435

61	62	63	64	65
4250	3426	4672	6740	7426
3726	5743	5306	3512	3215
3412	2361	6045	2363	1463
5604	5745	5465	4500	2926
5245	2675	3747	5960	5715

66	67	68	69	70
24752	420	6750	26	45.275
12268	364	4062	38	26 365
43670	675	5782	97	40.306
56472	862	6527	68	78.243
18122	252	2624	45	44.355

71	72	73	74	75
67550	3475	36750	620	36
40265	462	420236	37	147
36243	26	274610	89	389
26475	47	589475	465	655
30078	9	437263	508	879

76	77	78	79	80
4,75	36,45	4,750	745,05	87,18
3,06	70,64	6,29	320,40	40,65
6,74	32,80	3,074	346,15	20,06
8,67	95,74	2,963	279,74	5,8
4,55	35,48	6,47	508,87	4,75
7,26	96,17	5,685	686,06	73,48
9,83	30.05	1,136	425,15	28,09

81	82	83	84	85
4.810	470	4.728.234	6,867	4,75
27.235	2.361	6.265.005	2,435	30,50
26.467	4.078	7.085.272	47,285	61,34
598	19.625	4.368.987	1,275	24,85
49	37.363	370.428	8,3	60,35
743	45.465	424.710	29,470	87,62
472	362.704	56.862	4,364	38,95

86	87	88	89	90
14750	439	1.438.295	475,25	6.784
365	465	620.040	20,30	2.075
456	2570	378.964	8,75	366
2674	4865	2.879.341	143,26	3.098
3245	2075	4.146.283	378,48	47.265
1328	4364	35.746	24,25	192.375

91	92	93	94	95
31,75	4,865	0,558	654,2	10,7275
4,625	2,736	0,409	436,75	1,69256
0,078	5,674	1,762	276,43	2,87262
45,6	2,380	8,987	345,63	47,6105
34,785	4,736	3,105	420,175	42,76263
96,35	97,451	4,798	8,6	8,436365

96	97	98	99	100
4.728.735	47,925	400,020	64,75	6.840
26.245.618	6,035	30,875	32,20	56
57.652.436	26,792	425,014	4,05	302
4.827.165	44,605	360,745	3,6	4.000
438.946	374,149	436,406	70,05	60.100
41.064	251,740	70,000	2,64	25.204
396.716	360,005	1060,204	12,475	205
4.825.845	453,782	4608,158	4,11	6
36.004.102	89.425	500,401	0,06	34

PROBLÈMES SUR L'ADDITION.

P. 1. Un enfant a mangé 25 cerises à son déjeuner, 56 à son dîner et 64 à son souper : combien en a-t-il mangé ?

P. 2. Une personne doit les quatre sommes suivantes : 632 fr., 845 fr., 370 fr. et 564 fr. : quel est le total de sa dette ?

P. 3. On a payé quatre ouvriers, qui avaient gagné : le premier, 14 fr., le second 23 fr., le troisième 20 fr., le quatrième 35 fr. : combien leur a-t-on donné ?

P. 4. Quelle est la longueur de trois pièces de drap : la première contient 36 mètres, la seconde 42 mètres et la troisième 75 mètres.

P. 5. Une personne a payé quatre billets ; le premier est de 345 fr., le second de 621 fr., le troisième de 740 fr. et le quatrième de 130 fr. : combien a-t-elle déboursé ?

P. 6. On demande le nombre des jours de l'année ; janvier a 31 jours, février 28, mars 31, avril 30, mai 31, juin 30, juillet 31, août 31, septembre 30, octobre 31, novembre 30 et décembre 31.

P. 7. Trois ballots pèsent : le premier 236 kilogrammes, le second 325 kilog. et le troisième 174 kilog. : quel est leur poids ?

P. 8. Un régiment de cavalerie a 320 chevaux dans le premier escadron, 256 dans le deuxième, et 375 dans le troisième : quel est le nombre des chevaux de ce régiment ?

P. 9. On a coupé dans une forêt 642 chênes, 375 bouleaux, 496 frênes, 235 noyers, 260 sapins et 492 châtaigniers : combien a-t-on abattu d'arbres ?

P. 10. Quelle est la dépense d'une personne

qui a acheté pour 346 fr. de linge, pour 657 fr. de meubles, pour 205 fr. d'habillements et fait pour 186 fr. de provisions ?

P. 11. Un garçon de recette a reçu 246 fr. d'une personne, 621 fr. d'une autre, 765 d'une troisième, et 829 fr. d'une quatrième : combien a-t-il reçu en tout ?

P. 12. Un marchand a vendu 475 kilogrammes de café, 1270 kilogr. de sel : combien a-t-il vendu de kilogrammes ?

P. 13. Quelle est la longueur de six rues : la première a 475 mètres, la deuxième 308 m., la troisième 403 m., la quatrième 637 m., la cinquième 735 m., et la sixième 809 mètres ?

P. 14. Une pépinière contient 875 pêchers, 2710 poiriers, 3465 pommiers, 475 abricotiers, 1520 cerisiers et 638 pruniers : combien a-t-elle d'arbres en tout ?

P. 15. La ville de Lille a 63.063 habitants, Arras 20.451 h., Amiens 44.405 h., Rouen 90.580 h., Metz 39.767 h., Reims 39.185 h. : on demande la population de ces six villes ?

P. 16. Le bassin du Rhin forme neuf départements, savoir : le Haut-Rhin, qui a 464.775 habitants, le Bas-Rhin 560.113 h., la Moselle 440.312, la Meurthe 444.603 h., la Meuse 326.372 h., les Vosges 419.992, les Ardennes 319.167, le Pas-de-Calais 685.021 et le Nord 1.085.298 h. : quelle est la population de ce bassin ?

P. 17. Un boucher a acheté trois bœufs, le premier pèse 428 kilogrammes, le deuxième 643 k., et le troisième 567 k. : quel est leur poids total ?

P. 18. Combien y a-t-il d'hommes dans un

régiment composé de quatre bataillons : le premier a 1275 hommes, le deuxième 1006, le troisième 897, et le quatrième 873 hommes ?

P. 19. Paris renferme 875.495 habitants, Lyon 143.977 h., Marseille 147.191 h., Bordeaux 99.512 h., Orléans 39.023 h., Toulouse 76.965 h. : dites la population de ces six villes ?

P. 20. On demande le poids total de cinq voitures, la première pèse 3.745 kilogrammes ; la 2e 10.004 k., la 3e 8.706 k., la 4e 6.135 k. et la 5e 3.218 k. ?

P. 21. Trois personnes ont fait une société, la première a versé 35.060 francs, la deuxième 10.435 fr. et la troisième 46.730 ; on demande quel est leur capital social ?

P. 22. Quelle est la longueur de trois pièces, l'une a 36 mètres 25 centimètres, l'autre 28 m. 50 c., et la dernière 42 m. 75 centimètres ?

P. 23. Que faut-il payer à un ouvrier qui a gagné le lundi 2 fr. 75, le mardi 3 fr. 25, le mercredi 5 fr. 10, le jeudi 4 fr. 35, le vendredi 3 fr. 75 et le samedi 5 fr. 35 ?

P. 24. Combien y a-t-il de mètres dans six pièces de drap : la 1re a 47 m. 30 cent. ; la 2e 62 m. 75 ; la 3e 65 m. 70 ; la 4e 38 m. 15 ; la 5e 47 m. 36 et la 6e 59 m. 64 centimètres ?

P. 25. Un jeune homme a payé un chapeau 11 fr. 75, un habit 75 fr., un pantalon 25 fr. 50, un gilet 16 fr. 25 et une paire de bottes 22 fr. 50, combien a-t-il dépensé ?

P. 26. Une servante a acheté au marché pour 2 fr. 40 cent. de fruits, pour 3 fr. 35 de beurre, pour 1 fr. 80 de légumes, pour 1 fr. 55

d'œufs et pour 4 fr. 20 de viande : combien a-t-elle déboursé ?

P. 27 Quelle est la recette d'un marchand qui a vendu pour 270 fr. 25 de drap, pour 46 fr. 35 de toile, pour 26 fr. 80 d'indienne et pour 6 fr. 45 de mercerie ?

P. 28. Le caissier d'une maison a dans sa caisse 840 fr. en or, 2.730 fr. 50 en argent, 2 fr. 05 en cuivre et 8.500 fr. en billets de banque : combien a-t-il en tout ?

P. 29. Quelle est la superficie de trois terres, la première a 47 hectares 65 ares, la deuxième 24 hect. 35 ares, et la troisième 50 hect. 95 ares 36 centiares ?

P. 30. Quel est le poids des six objets suivants : le 1er pèse 4 kilog. 25 décag. ; le 2e 16 k. 375 grammes ; le 3e 6 k. 38 décag. ; le 4e 8 k. 6 décag ; le 5e 0 k. 705 grammes et le 6e 1 k. 30 décag ?

P. 31. On demande combien il entrera de litres dans quatre tonneaux : le premier contient 3 hectolitres 45 litres, le deuxième 2 hectolitres 5 décalitres, le troisième 4 hect. 30 litres, et le quatrième 2 hect. 5 litres ?

P. 32. Quel est le total de 0 fr. 75 centimes, de 0 fr. 20 cent., de 0 fr. 35 cent., de 1 fr. 40, et de 8 fr. 05 centimes ?

P. 33. Une bague pèse 6 grammes 5 centigrammes, une paire de boucles d'oreilles 18 gr. 475 milligrammes, un camée 56 gr. 35 centigrammes, et une épingle 20 grammes 405 milligrammes : on demande le poids de ces objets ?

P. 34. Une dame a payé une robe 35 fr. 75 c., un châle 105 fr., une capote 25 fr. 50 c., un fichu 12 francs et une paire de gants 3 fr. : combien a-t-elle dépensé ?

P. 35. Quelle est la longueur d'un mur qui entoure une propriété ayant du côté du nord 245 mètres 35 cent., au sud 360 m. 20 cent., à l'est 742 m., et à l'ouest 560 m. 35 centimètres ?

P. 36. Le poids d'une caisse est de 85 kilog. 35 grammes, celui d'un ballot de 135 kilog. 5 hect., celui d'une malle 64 k. 8 décag. et celui d'un paquet 2 kilog. 65 grammes : on demande combien pèsent ces objets ?

P. 37. Un homme est né en 1798, en quelle année aura-t-il 75 ans ?

P. 38. Un homme s'est marié à 28 ans, il a perdu sa femme 4 ans après son mariage. Demeuré veuf 7 ans, il a pris une seconde femme, avec laquelle il a vécu 20 ans et lui-même est mort 3 ans après : à quel âge est-il mort ?

P. 39. Un ouvrier a reçu 25 fr., un second a reçu 15 fr. de plus que le premier ; et le troisième autant que les deux premiers : on demande combien le second et le troisième ouvrier ont reçu, et la somme qu'il a fallu pour les payer tous les trois ?

P. 40 Un ouvrier a fait en 32 jours, 58 mètres d'ouvrage qui lui ont été payés 240 francs; en 24 jours, il a fait 46 mètres, payés 257 fr.; enfin en 16 jours, il a fait 37 mètres payés 148 francs : on demande le nombre de jours qu'il a travaillé, ce qu'il a fait de mètres d'ouvrage et combien il a gagné ?

P. 41. On a acheté une jument 850 francs, on la change contre un cheval en donnant en retour 235 francs : combien coûte le cheval ?

P. 42. Trois personnes se sont partagé une somme, la première a eu 48 francs; la deuxième 16 francs de plus que la première; la troisième, autant que la première et la deuxième : on demande la part de chaque personne et la somme partagée ?

P. 43. Une marchandise coûte 2.406 fr. on veut gagner 420 fr. 75 : combien faut-il la revendre ?

P. 44. Une maison coûte 56.700 francs d'achat ; on a payé 3.055 fr. 45 pour les frais ; on y a fait pour 1.275 francs de réparations: combien faut-il la revendre pour gagner 3.500 francs dessus ?

P. 45. Un marchand de bois a acheté 65 stères pour 650 fr. ; 773 stères pour 6520 f.; 85 stères pour 695 fr.; 46 stères pour 320 f.; 145 stères pour 11.600 fr. ; 504 stères pour 4.536 fr.; et enfin 254 stères pour 1.524 fr. : combien a-t-il acheté de stères et pour quelle somme ?

P. 46. Trois pièces de vin contiennent, la première 230 litres et a été payée 65 fr. 75 ; la seconde 245 litres et a été payée 70 fr. 30 cent. ; la dernière contient 250 litres pour 85 fr. 25 : on demande le nombre de litres des trois pièces et ce qu'elles coûtent ?

P. 47. Un marchand a acheté quatre pièces de toile, la 1re a 38 m. 25 et coûte 76 f. 50; la 2e 45 m. 75 et coûte 85 fr. 45 ; la 3e 54 m. 60 pour 85 fr. 45; et la 4e 60 m. 80 pour 121 fr. 60 centimes : quelle est la longueur des quatre pièces et leur prix ?

P. 48. On a récolté 950 hectolitres de pommes de terre, dans un terrain de 3 hectares 6 ares; 1.350 hectolitres, dans un autre de 5 hectares 35 ares; et 247 hectolitres dans un champ de 1 hectare 3 ares 25 centiares : combien a-t-on récolté d'hectolitres et quelle est la superficie des trois terres?

P. 49. J'ai vendu 3 m. 75 de drap 110 fr.; 16 m. 5 décimètres 206 fr. 50; 24 m. 75 de ratine 247 fr. 50; et 482 m. de calicot pour 602 fr. 25 : combien ai-je vendu de mètres d'étoffe et pour quelle somme?

P. 50. Un marchand drapier a acheté une pièce de drap bleu ayant 34 m. 50 pour 467 fr. 50; une pièce de drap marron de 28 mètres pour 700 francs; une pièce de drap noir ayant 26 m. 75 pour 812 fr. 50; et une pièce de drap vert de 23 m. 85 pour 286 fr. 20 : combien le marchand a-t-il acheté de mètres de drap et pour quelle somme?

P. 51. Le poids d'une pièce de 5 francs est de 25 grammes, celui d'une pièce de 2 fr. de 10 gr., celui d'une pièce de 1 fr. de 5 gr., celui d'une pièce de 50 cent. de 2 gr. 50 centigrammes, et celui d'une pièce de 25 centimes de 1 gramme 25 centigrammes : quel est le poids de ces cinq pièces?

P. 52. Le poids net d'une marchandise est de 38 kilog. 45 décagrammes, l'emballage pèse 12 kilog. 6 décagrammes : quel est le poids brut du ballot?

P. 53. Un pieu est enfoncé dans la terre de 0 m. 75 centimètres, et le bout extérieur est de 3 m. 8 cent. : quelle est sa longueur?

P. 54. Une pièce d'or de 40 fr. pèse 12 gr. 90.322 cent-millièmes et une pièce de 20 francs pèse 6 gr. 45.161 cent-millièmes : dites le poids de ces deux pièces?

P. 55. Le poids d'une pièce de trente sous

est de 10 gram. 1366 dix-millièmes et celui d'une pièce de quinze sous de 5 gr. 0683 dix-millièmes : quel est le poids de ces deux pièces ?

P. 56. On a consommé à Paris en 1842 964.107 hectolitres de vins ; 48.390 hect. d'eaux-de-vie ; 15.508 hect. de cidre et poiré, 18.146 hect. de vinaigre, et 147.191 hect. de bière : combien a-t-on consommé d'hectolitres ?

P. 57. Combien a-t-on consommé de têtes de bétail à Paris en 1842, sachant qu'il y est entré 72.195 bœufs, 19.004 vaches, 72.276 veaux, 449.928 moutons et 83.101 porcs ou sangliers ?

P. 58. Il s'est vendu à Paris en 1842, pour 6.051.676 fr. de marée, pour 1.532.640 fr. d'huîtres, pour 599.462 fr. de poissons d'eau douce, pour 10.080.091 fr. de volailles et gibiers, pour 12.082.532 fr. de beurre, et pour 5.934.160 fr. d'œufs : à combien s'élève la vente de ces divers articles ?

P. 59. On a mangé en 1842 à Paris. 352.346 kilog. de pâtés, écrevisses et homards, 2.908.370 kilog. de viande à la main, 1.120.220 kilog. de charcuterie, 1.644.250 k. d'abats et issues, et 1.364.184 k. de fromages : quelle a été la consommation de ces cinq articles ?

P. 60. Selon le relevé des opérations du cadastre, on compte en France 22.818.300 hectares de terres labourables ; 1.977.000 hectares de vignes ; 528.000 hect. de potagers, 687.000 hect. de jardins et vergers, et 780.000 hect. de cultures diverses : on demande le nombre d'hectares qui sont consacrés à ces cultures ?

P. 61. Quel est en France le nombre des naissances, sachant qu'il y naît par an 463.186 garçons et 435.031 filles en mariage; orphelins, 35.440 garçons et 34.033 filles ?

P. 62. Il est né en 1842 à Paris, savoir : à domicile, en mariage, garçons 10.276, filles 9939; orphelins, garçons 2.775, filles 2.890; aux hôpitaux, en mariage, garçons 409, filles 394; orphelins, garçons 2.356, filles 2.265 : quel est le nombre des naissances ?

P. 63. Quatre pièces coûtent, savoir : la première 787 fr. 25 et a 42 m. 30 cent.; la deuxième 406 fr. 30, elle a 29 m. 75: la troisième 63 fr. pour 62 m. 10; la quatrième 72 fr. 45 pour 78 m. 25 : quelle est la longueur de ces quatre pièces et leur prix ?

P. 64. Un homme est né en 1821, en quelle année aura-t-il 78 ans ?

P. 65. Le département de la Seine forme trois arrondissements, celui de Paris a 935.261 habitants, celui de Saint-Denis 152.094 h. et celui de Sceaux 107,248 h. : quelle est la population de ce département ?

P. 66. J'ai acheté pour 4 fr. 25 de mercerie, pour 6 fr. 75 de doublures, 84 fr. 35 de drap, pour 12 fr. de provisions de bouche: combien ai-je dépensé ?

P. 67. Un propriétaire a 3 terres; la 1° contient 46 hectares 35 ares 28 centiares; la 2° 19 hect. 20 ares 35 centiares; la 3° 40 hect. 6 ares 6 centiares : quelle est la superficie de ces 3 terres ?

P. 68. Une succession a été partagée de la manière suivante : le 1er héritier a eu 16.325 fr., le 2° 30.700 fr., le 3° 25.410 fr., le 4° 35.400 fr., il a légué pour des bonnes œuvres 1.575 fr., et donné à des vieillards 2.000 fr. : à combien se montait la succession?

P. 69. Combien coûteraient 628 stères à 7.945 fr.; 4.360 stères à 39.755 fr.; 836 stères à 7.505 fr. 75; et 1.605 stères à 18.574 fr.: et combien aurait-on de stères?

P. 70. La population du globe est évaluée, savoir : pour l'Europe à 222.393.000 h., pour l'Asie à 521.150.000 h., pour l'Afrique à 108.000.000 h., pour l'Amérique à 43.295.000 h. et pour l'Océanie à 30.000.000 h. : quelle est la population de la terre?

P. 71. Quelle est la population de l'Europe, sachant qu'elle renferme environ 113.090.000 catholiques, 56.00.000 grecs schismatiques, 47.000.000 réformés, 4 millions mahométans, 2.223.000 juifs et 70.000 idolâtres.

P. 72. Quatre personnes se sont partagé une somme : la première a eu 315 fr.; la deuxième 50 fr. de plus que la première; la troisième 25 fr. de plus que la seconde; et la quatrième a eu autant que la première et la troisième : on demande la part de chacune et la somme partagée?

P. 73. Un marchand redoit 8.050 fr., il a payé 4.375 fr. 25 : combien devait-il?

P. 74. Le volume de la Terre étant un, celui du Soleil est de 1.326.480; celui de Mercure de 0, 1; celui de Vénus de 0, 9 dixièmes; celui de la Terre de 1, 0; celui de Mars 0, 2 dixièmes; celui de Jupiter 1.470, 2; celui de Saturne 887,3; celui d'Uranus de 77, 5; et celui de la Lune de 0, 02 centièmes : quel est le volume de ces planètes, y compris celui du Soleil et de la Lune?

P. 75. Combien y a-t-il de mètres dans 4 pièces ayant : la 1e 36 m. 75 ; la 2e 40 m. 05 ; la 3e 61 m. 80 ; et la 4e 75 mètres ?

P. 76. Une modiste a porté sur un mémoire les coupons de ruban ci-après : 0 m. 75 ; 0 m. 45 ; 0 m. 85 ; 0 m. 65 ; et 3 m. 98 : quelle est la longueur de ces coupons ?

P. 77. Combien a-t-on fait de mètres de plinthes et de mètres de cymaises dans un appartement, sachant qu'il est entré d'un côté, 8 m. 75 de plinthes et 7 m. 30 de cymaises ; du côté opposé 8 m. 85 de plinthes et 8 m. 50 de cymaises ; dans le fond 9 m. de plinthes et 8 m. 45 de cymaises ; sur la façade, 12 mètres 75 de plinthes et 11 m. 90 de cymaises ?

P. 78. Une propriété se compose d'un potager de 86 ares 35 centiares, d'un champ de 4 hectares 5 ares 65 centiares, d'un pré de 1 hect. 40 ares, et d'un bois de 93 ares 6 centiares : quelle est la superficie de cette propriété ?

P. 79. Quelle est la population et la superficie des cinq départements suivants : celui de la Seine, le plus peuplé, a 1.194.603 habitants et 47.548 hectares ; celui du Nord, le second pour la population, a 1.085.298 habitants et 567.864 hectares ; celui du Rhône 500.831 h. et 279.081 hectares ; celui de la Gironde, le plus grand, a 568.034 h. et 975.100 hectares ; celui des Hautes-Alpes, le moins peuplé, a 132.584 h. et 553.264 hectares ?

P. 80. Quatre tas de pierres sont à vendre : le premier contient 12 m. cubes 165 décimètres cubes ; le deuxième 34 m. 65 décim. ; le troisième 9 m. 710 ; et le quatrième 25 m. 105 décimètres : quelle est la solidité de ces quatre tas de pierres ?

P. 81. La coupe d'une forêt a donné les résultats suivants : 1° 5.720 stères de chêne, 2° 435 stères de hêtre, 3° 642 stères de bouleau, 5° 1.205 stères de charme : quel est le total des stères ?

P. 82. Trois pièces de vin contiennent, savoir : la 1° 3 hectolitres 35 litres et coûte 60 fr. 50 ; la 2° 2 h. 45 litres pour 85 fr. ; la 3° 2 h. 5 décalitres pour 69 fr. 75 : quelle est la contenance des trois pièces et leur prix ?

P. 83. Un marchand grainetier a fait trois livraisons, la 1° de 670 h. 2 décalitres, la 2° de 1.500 hectolitres, et la 3° de 389 h. 5 décalitres : combien a-t-il livré d'hectolitres ?

P. 84. On a mis dans une bouteille 4 décilitres une fois, 3 décilitres 5 centilitres une autre fois, 1 litre 25 centilitres, une troisième fois, et la quatrième pour l'emplir 8 décilitres 4 centilitres : quelle est la grandeur de la bouteille ?

P. 85. Un épicier a reçu 5 caisses de savon : la 1° pèse 140 kilog., la 2° 85 k. 35 décagr., la 3° 109 k. 6 décag., la 4° 295 kil. 60 décag., la 5° 164 k. 35 décagr., et la 6° 138 k. 5 décag. : quel est le poids des 5 caisses ?

P. 86. Un orfèvre a vendu une chaîne, pesant 126 grammes 35 centigrammes, une bague de 1 décag. 625 milligrammes, une épingle de 35 grammes 25 milligrammes, et un sautoir de 56 grammes 260 milligrammes : dites le poids de ces quatre objets ?

P. 87. Un marchand a fait pendant une semaine les recettes suivantes : le lundi 1674 fr. 25, le mardi 765 fr., le mercredi 870 fr. 75, le jeudi 1.209 fr. 05 cent., le vendredi 530 fr.

35, le samedi 1.675 fr., et le dimanche 2.590 fr. 15 : dites le total de ces recettes?

P. 88. On a acheté trois pièces de toile, la 1re de 42 m. 35 pour 84 fr. 70 ; la 2e 36 m. 05 cent. pour 108 fr. 15 ; et la 3e de 48 m. 75 pour 195 fr.; quelle est la longueur des trois pièces et leur prix?

P. 89. Un marchand de bois a livré, la 1re fois 435 stères 5 décistères pour 5.295 fr. ; la 2e 86 stères pour 925 fr. 75 ; la 3e 675 stères 6.750 fr. ; et la quatrième 1.345 stères pour 14.860 fr. : combien a-t-il livré de stères et pour quelle somme?

P. 90. Une mère de famille allant au marché a acheté pour 0 fr. 35 de salade, pour 1 fr. 75 de beurre, pour 5 fr. 85 cent. de fruits, pour 3 fr. 65 de viande, pour 2 fr. 80 cent. de légumes et pour 4 fr. de vaisselle : combien a-t-elle dépensé?

P. 91. Un ouvrier a dépensé à son dîner 35 cent. pour un ordinaire, 15 cent. de pain, 10 cent. de vin, 40 cent. de rôti et 5 centimes de fromage : quelle a été sa dépense, sachant qu'il a dépensé pour son déjeuner 45 cent. et pour son souper 1 fr. 25?

P. 92. Un enfant est né en 1838, quand aura-t-il 69 ans?

P. 93. Quel est le total de six sommes : la première est de 435 fr. 75 cent., la deuxième de 19 fr. 05, la troisième de 6.756 fr. 20, la quatrième de 438 fr. 36, la cinquième de 809 fr. et la sixième de 37 fr. 10 cent.

P. 94. Un menuisier a fait en 35 jours 46 m. 7 décimètres d'ouvrage pour 83 fr. 40 cent.; en 65 jours 195 m. pour 975 fr. ; en 136 jours 216 m. pour 2.160 fr.; et en 128 jours 26 m. 35

pour 389 fr. 65 : dites le nombre de jours qu'il a travaillé, ce qu'il a fait de mètres et combien il a gagné?

P. 95. Un voyageur a fait le 1er jour 25 kilomètres 4 hectomètres et il a dépensé 3 fr. 50; le 2e 35 k. 2 hectomètres et il a dépensé 3 fr. 75; le 3e 25 k. et dépensé 2 fr. 70; et le 4e 29 k. 8 h. et dépensé 2 fr. 45 : combien a-t-il parcouru de chemin et quelle a été sa dépense?

P. 96. Un cultivateur a acheté en trois fois la 1re pour 235 fr. de meubles et 628 fr. 75 d'étoffes; la 2e pour 315 fr. de toile, 628 fr. d'instruments d'agriculture et 165 fr. de livres; la 3e pour 130 fr. 25 de batterie de cuisine, pour 35 fr. 95 de faïence, pour 1.725 fr. de bétail, une charette et un tombereau pour 1.250 fr. : combien a-t-il dépensé?

P. 97. On demande le poids et le prix des objets suivants : le premier pèse 3 g. 435 milligrammes et coûte 15 fr. 35; le second 45 g. 6 centigrammes pour 108 fr.; le troisième 35 décag. 6 grammes pour 920 fr. 50 centimes; et le quatrième 93 gr. pour 59 francs?

P. 98. Lorsqu'on paie 675 fr. pour 45 m. 75 d'ouvrage; 820 fr. 05 pour 95 m.; 9.375 fr. pour 264 m.; et 12.634 fr. pour 3.435 m. : combien a-t-on déboursé et quel est le nombre de mètres qui ont été faits?

P. 99. Pour acquitter quatre billets j'ai donné pour le 1er 4.675, pour le 2e 675 fr. pour le 3e 63 fr. 25, et pour le 4e 25.050 fr. : quelle somme m'a-t-il fallu?

P. 100. Le département de la Loire, a 434.085 habitants, celui de la Haute-Loire 298.137 h., celui de la Loire-Inf. 486.806 h., celui du Loiret 318.452 h. : quelle est leur population?

SOUSTRACTION.

48. La *Soustraction* est une opération par laquelle on retranche un nombre d'un autre nombre, pour connaître de combien le plus grand surpasse le plus petit.

Le résultat se nomme *reste* ou *différence*.

TABLE DE SOUSTRACTION.

1 ôté de 2 reste 1	4 ôtés de 5 reste 1	7 ôtés de 8 reste 1
1 . . 3 . . 2	4 . . 6 . . 2	7 . . 9 . . 2
1 . . 4 . . 3	4 . . 7 . . 3	7 . . 10 . . 3
1 . . 5 . . 4	4 . . 8 . . 4	7 . . 11 . . 4
1 . . 6 . . 5	4 . . 9 . . 5	7 . . 12 . . 5
1 . . 7 . . 6	4 . . 10 . . 6	7 . . 13 . . 6
1 . . 8 . . 7	4 . . 11 . . 7	7 . . 14 . . 7
1 . . 9 . . 8	4 . . 12 . . 8	7 . . 15 . . 8
1 . . 10 . . 9	4 . . 13 . . 9	7 . . 16 . . 9
2 ôtés de 3 reste 1	5 ôtés de 6 reste 1	8 ôtés de 9 reste 1
2 . . 4 . . 2	5 . . 7 . . 2	8 . . 10 . . 2
2 . . 5 . . 3	5 . . 8 . . 3	8 . . 11 . . 3
2 . . 6 . . 4	5 . . 9 . . 4	8 . . 12 . . 4
2 . . 7 . . 5	5 . . 10 . . 5	8 . . 13 . . 5
2 . . 8 . . 6	5 . . 11 . . 6	8 . . 14 . . 6
2 . . 9 . . 7	5 . . 12 . . 7	8 . . 15 . . 7
2 . . 10 . . 8	5 . . 13 . . 8	8 . . 16 . . 8
2 . . 11 . . 9	5 . . 14 . . 9	8 . . 17 . . 9
3 ôtés de 4 reste 1	6 ôtés de 7 reste 1	9 ôtés de 10 reste 1
3 . . 5 . . 2	6 . . 8 . . 2	9 . . 11 . . 2
3 . . 6 . . 3	6 . . 9 . . 3	9 . . 12 . . 3
3 . . 7 . . 4	6 . . 10 . . 4	9 . . 13 . . 4
3 . . 8 . . 5	6 . . 11 . . 5	9 . . 14 . . 5
3 . . 9 . . 6	6 . . 11 . . 6	9 . . 15 . . 6
3 . . 10 . . 7	6 . . 13 . . 7	9 . . 16 . . 7
3 . . 11 . . 8	6 . . 14 . . 8	9 . . 17 . . 8
3 . . 12 . . 9	6 . . 15 . . 9	9 . . 18 . . 9

48. Pour soustraire facilement, il faut savoir par cœur la table de soustraction.

49. La soustraction est fondée sur ces deux principes : 1° on a la différence de deux nombres, lorsque du plus grand on retranche successivement toutes les parties du plus petit ; 2° en ajoutant à deux nombres une même quantité, leur différence ne change pas.

MANIÈRE DE FAIRE LA SOUSTRACTION.

50. Pour faire la soustraction, il faut écrire le plus petit nombre sous le plus grand, de manière que les unités soient sous les unités, les dizaines sous les dizaines, les centaines sous les centaines, etc., et souligner le tout ; ensuite commencer par la droite et retrancher chaque chiffre inférieur de celui qui est placé au-dessus, et écrire le reste au-dessous ; quand il ne reste rien on pose un zéro. Lorsque le chiffre inférieur est plus fort que le chiffre supérieur correspondant, il faut augmenter ce dernier de dix, retrancher le chiffre inférieur du nombre ainsi formé, et retenir un, pour l'ajouter au chiffre inférieur immédiatement à gauche : les deux nombres étant augmentés de dix le reste ne change pas.

SOUSTRACTION DES NOMBRES DÉCIMAUX.

P. 51. La soustraction des nombres décimaux se fait comme celle des nombres entiers ; s'il y a plus de chiffres décimaux dans un nombre que dans l'autre, il faut mettre à la suite de celui qui en a le moins, autant de zéros qu'il en faut pour que les unités décimales soient de la même espèce dans les deux nombres et opérer comme à l'ordinaire; puis séparer, par une virgule à la droite du reste, autant de chiffres décimaux qu'il y en a dans l'un des deux nombres.

52. La preuve de la soustraction se fait en ajoutant le plus petit nombre à la différence; le total doit être égal au plus grand nombre.

EXEMPLES DE SOUSTRACTIONS.

	cdu	mcdu	mcdu	du,dc	udcm
	486	6154	7000	50,25	8,700
	352	2648	4725	30,75	7,985
Reste	134	3506	2275	19,50	0,715
Preuve	486	6154	7000	50,25	8,700

EXERCICES SUR LA SOUSTRACTION.

101	102	103	104	105
48	56	75	36	70
35	25	30	18	46

106	107	108	109	110
34	65	50	38	83
17	46	19	14	64

111	112	113	114	115
346 120	476 328	626 530	843 236	708 425
116	**117**	**118**	**119**	**120**
467 180	600 412	367 186	736 348	481 204
121	**122**	**123**	**124**	**125**
1842 1365	4736 2847	6840 2465	7235 4006	6006 4215
126	**127**	**128**	**129**	**130**
3736 2360	5682 4326	470 265	1763 1186	4500 3675
131	**132**	**133**	**134**	**135**
12,45 10,25	4,06 2,60	64,70 28,65	36,00 20,35	7,725 4,560
136	**137**	**138**	**139**	**140**
275,2 180,5	4,705 0,860	627,65 189,00	0,45 0,26	1,766 0,980

141	142	143	144	145
36,4	30,50	678,1	475,20	3,705
17,6	28,24	481,5	236,34	2,468

146	147	148	149	150
436	3840	300,05	6,04	4350
175	1065	267,18	2,67	2783

151	152	153	154	155
4600	11.416	418.405	49.006	65.761
725	2,309	9.610	20.675	37.462

156	157	158	159	160
4001	3675	40.000	69.604	57.310
1792	1064	36.726	20.705	8.725

161	162	163	164	165
306,02	680,049	4,005	0,705	0,0430
8,95	7,038	2,920	0,245	0,0062

166	167	168	169	170
43,65	106,39	100,00	36,01	9,006
18,70	78,89	65,25	29,79	6,098

171	172	173	174	175
36.000	45.364	1,000	0,065	1,0050
19.807	27.075	0,985	0,009	0,9875

176	177	178	179	180
6.801.320	4,00	1706	50.000,15	4,620
947.365	0,76	846	26.376,07	3,865

181	182	183	184	185
102,00	8714	73,076	4518	0,0050
98,96	3090	6,808	2095	0,0025

186	187	188	189	190
4736	3008	4,735	10.060	37.670,50
2475	2990	3,806	395	28.635,75

191	192	193	194	195
689.096	45.367	700.686	3,05	0,630
475.375	26.842	279.365	0,76	0,438

196	197	198	199	200
3,0060	86,00	16.736.425	0,620	47,000
2,9875	36,75	12.809.746	0,567	10,986

PROBLÈMES SUR LA SOUSTRACTION.

P. 101. Un écolier a 65 billes, il n'en avait que 32 avant de jouer : combien en a-t-il gagné ?

P. 102. On devait à une personne 850 fr., on lui a donné à compte 420 fr. : combien lui redoit-on ?

P. 103. Un marchand de bois avait 432 stères de bois, il en a vendu 345 : combien lui en reste-t-il ?

P. 104. Dans un tonneau de 240 litres, on a mis 164 litres : combien faut-il encore de litres pour le remplir ?

P. 105. Un ouvrier avait 83 mètres à faire, il en a achevé 62 mètres : combien a-t-il encore de mètres à faire ?

P. 106. Un cultivateur avait 540 moutons, il en a vendu 275 : combien lui en reste-t-il ?

P. 107. On avait semé 16 hectolitres de blé, on en récolte 184 hect. : combien a-t-on récolté d'hectolitres de plus que la semence ?

P. 108. Un épicier, en vendant une partie de sucre 870 fr., gagne 185 fr. : combien l'avait-il payée ?

P. 109. Un voyageur doit faire une route de 874 kilomètres, il en a déjà parcouru 267 kilomètres : combien lui en reste-t-il à parcourir ?

P. 110. Combien a-t-on gagné sur une maison qu'on a achetée 34.780 fr., et qu'on a revendue 40.500 fr ?

P. 111. On demande combien on a labouré

d'ares dans un champ ayant 835 ares, s'il en reste 648 à labourer ?

P. 112. J'ai vendu pour 8748 fr. dans le mois de janvier, pour 7645 fr. dans le mois de février : quelle est la différence de la vente de ces deux mois ?

P. 113. Une caisse pèse 345 kilogrammes, une autre en pèse 670 : quelle est la différence de leur poids ?

P. 114. Combien redoit une personne qui a donné à compte 525 fr. sur 840 fr., qu'elle devait ?

P. 115. On a tiré d'un tonneau 148 litres, combien en reste-t-il s'il en contient 235 ?

P. 116. Une route doit avoir 454 kilomètres, il y en a de fait 268 kilomètres : combien en reste-t-il à faire ?

P. 117. En changeant un cheval de 625 fr. contre un de 810 fr. : combien dois-je donner en retour ?

P. 118. J'avais 4725 fr., je paie pour 2060 fr. : combien me reste-t-il ?

P. 119. Avec 673 arbres on garnirait une route, on n'en a que 308 : combien en manque-t-il ?

P. 120. Lorsque d'un troupeau de moutons de 10.000, on en vend 7863 : combien en reste-t-il ?

P. 121. Si de 3625 hommes qu'il y a dans une caserne on en fait sortir 2706 : combien en restera-t-il ?

P. 122. Quel le prix d'un objet qu'on a échangé contre un autre, sachant qu'on a donné en retour 370 fr., et que celui qu'on reçoit vaut 625 fr ?

P. 123. Un jardin a 475 ares de superficie,

un autre a 328 ares : de combien le premier est-il plus grand que le second ?

P. 124. Une caisse vide pèse 15 kilogrammes 25 décagrammes, pleine de marchandises elle pèse 104 kilogrammes 35 décagrammes : on demande le poids de la marchandise ?

P. 125 Une personne a payé 364 fr. sur une dette de 506 fr. : combien redoit-elle ?

P. 126. Quelle est la différence de la superficie de deux terres : la première a 8 hectares 35 ares, et la seconde 5 hectares 70 ares ?

P. 127. Un père avait 35 ans à la naissance de son fils, quel sera l'âge du fils, lorsque le père aura 62 ans ?

P. 128. Je devais 25 fr. 30 cent., j'ai payé 16 fr. 50 : combien redois-je ?

P. 129. Un menuisier avait 534 mètres à faire, il en a fait 275 m. 25 cent. : combien lui en reste-t-il à faire ?

P. 130. De 845 francs que j'avais, j'ai dépensé pour diverses emplettes 635 fr. 25 c. : combien me reste-t-il ?

P. 131. Un marchand de blé a acheté 284 hectolitres de grain, il en a reçu 190 hectolitres : combien doit-il en recevoir encore ?

P. 132. Combien redoit une personne qui, sur 24 fr. 50 a donné à compte 15 fr. 75 c. ?

P. 133. Un ouvrier aurait dû recevoir 65 francs, il ne reçoit que 40 fr. 50 : combien lui redoit-on ?

P. 134. On a payé 25 fr. 75 à une personne à laquelle on devait 50 fr. 40 : combien lui est-il encore dû ?

P. 135. Un cultivateur a récolté 2350 hectolitres de pommes de terre, il en a vendu

1545 hectolitres : combien en a-t-on consommé d'hectolitres dans sa ferme ?

P. 136. On a coupé d'une pièce de drap 35 mètres 20 centimètres : combien en resterait-il, si elle avait 54 mètres ?

P. 137. Un marchand avait dans sa voiture 740 melons, il lui en reste 385 : combien en a-t-il vendu ?

P. 138. Un menuisier a terminé 347 m. 25 c. de menuiserie, il en avait 580 à faire : on demande ce qu'il a encore de mètres à faire ?

P. 139. Deux écoliers se partagent un panier de noisettes, le premier a, dans sa part, 2462 noisettes : combien y en aura-il dans la part du second, si le panier contenait 4520 noisettes ?

P. 140. Sur une somme de 684 fr., j'ai pris pour payer mon boulanger 234 fr. 75 cent. : combien me reste-t-il ?

P. 141. Un père et son fils ont ensemble 125 ans, le fils a 46 ans : quel est l'âge du père ?

P. 142. Une personne aura 65 ans en 1846 : en quelle année est-elle née ?

P. 143. J'ai acheté 3245 kilogrammes de sucre pour 6490 francs ; on m'en a livré 2780 kilog. pour le prix de 5560 fr. : combien en dois-je encore recevoir de kilogrammes et pour quelle somme ?

P. 144. Un charron devait faire une voiture pour le prix de 625 fr. ; mais ne l'ayant pas faite selon le plan donné, on ne la lui paie que 550 fr. : combien a-t-il perdu ?

P. 145. Sur un mémoire de 24.000 fr., on

a fait une réduction de 3462 fr. : combien a-t-on payé ?

P. 146. Un farinier a reçu 4245 kilogr. de farine, il en a cédé à un confrère 2168 kilogrammes : combien lui en reste-t-il ?

P. 147. Un propriétaire a vendu 48 hectares 25 centiares d'une terre qui en contenait 60 hectares 3 ares : combien lui en reste-il ?

P. 148. Quelle route reste-t-il à parcourir à un voyageur qui a fait déjà 75 myriamètres, sur 84 myriamètres 6 kilomètres ?

P. 149. Un journal avait la première année 3425 abonnés, la seconde il en a 7054 : combien a-t-il d'abonnés de plus ?

P. 150. Deux tonneaux contiennent, l'un 3 hectolitres 45 litres, l'autre 4 hectolitres : combien le second contient-il de litres de plus que le premier ?

P. 151. Une bague pèse 2 grammes 5 décigrammes, une autre 1 grammes 425 milligrammes : quelle est la plus lourde et de combien ?

P. 152. Le marbre d'une table a 0,035 millimètres d'épaisseur, celui d'une autre a 0,028 millimètres : de combien le premier est-il plus épais que le second ?

P. 153. Un bœuf pèse 850 kilogr., une vache pèse 536 kilogr. 5 décagrammes : quelle est la différence de leur poids ?

P. 154. Lyon a 143.977 habitants, Marseille 147.191 habitants : on demande la différence de population de ces deux villes ?

P. 155. On a fait avancer une aiguille de 0,675 millimètres, puis on l'a fait reculer de 0,096 millimètres : de combien l'a-t-on avancée ?

P. 156. Un litre de mercure à la température de zéro, pèse 13 kilog. 598 grammes, à la température de l'eau bouillante il ne pèse plus que 13 kil. 353 : quelle est la différence ?

P. 157. Un homme a 1 m. 830 millimètres de hauteur ; sa femme, 275 millimètres de moins : quelle est sa taille ?

P. 158. Un corps étant mouillé pesait 84 grammes 52 centigrammes, séché il ne pèse que 36 grammes 25 centigrammes : quelle est la quantité d'eau évaporée.

P. 159. La tour de Strasbourg (le Munster) a 142 mètres de hauteur, et le sommet du Panthéon 79 m. : quelle est la différence de hauteur de ces deux monuments ?

P. 160. La ville de Mexico, capitale du Mexique, est élevée de 2.277 mètres au-dessus du niveau de l'Océan, et la ville de Briançon, la plus élevée de France, est à 1.306 mètres : quelle est la différence de hauteur de ces deux villes ?

P. 161. La plus haute montagne du globe est dans l'Himalaya, en Asie, elle a 7821 mètres d'élévation, et le mont Blanc, la plus haute montagne de l'Europe, a 4810 mètres : qu'elle est la différence de hauteur de ces deux montagnes ?

P. 162. Londres a 1.350.000 habitants et Paris 875.495 : combien y a-t-il d'habitants de plus à Londres ?

P. 163. Le soleil est 1.326.480 fois plus gros que la terre et la planète Jupiter l'est 1470,2 fois : de combien de fois le soleil est-il plus gros que Jupiter ?

P. 164 Uranus met 30.688 jours pour tourner autour du soleil, et Saturne 10.758; combien la première de ces planètes met-elle de jours de plus pour faire sa révolution sidérale ?

P. 165. Le rayon du pôle est de 6.356.324 m., et le rayon de l'équateur de 6.376.984 m.: quel est l'applatissement de la terre à chaque pôle ?

P. 166. La comète qui a paru en 1835 a été 76 ans invisible : quelle était l'année de sa précédente apparition ?

P. 167. Les chiffres arabes ont été connus en 1150 : combien y-t-il d'années en 1845 ?

P. 168. L'Amérique a été découverte en 1492, par Christophe Colomb : combien y a-t-il d'années en 1845 ?

P. 169. Newton, géomètre anglais, mourut en 1727; il était né en 1642 : à quel âge est-il mort ?

P. 170. Le duché de Lorraine fut réuni à la France, sous Louis XV, en 1737 : combien y a-t-il d'années en 1845?

P. 171. Une personne a dépensé pour sa nourriture 425 fr., pour son entretien 266 fr. 75, et pour menues dépenses 108 fr.: combien lui reste-t-il si elle avait 900 fr. ?

P. 172 Une propriété se compose de six pièces de terre; la première a 34 hectares 70 ares, la seconde 3 hectares 6 ares, la troisième 28 hectares 75 ares 7 centiares, la quatrième 28 ares 30 centiares, la cinquième 8 hectares 75 centiares, et la sixième 38 hectares 85 centiares : quelle est la superficie de cette propriété, et combien en restera-t-il si on en a vendu 48 hectares 35 ares 75 centiares ?

P. 173. La coupe d'une forêt a produit

375 stères de bois de chêne, 130 stères de frêne, 849 stères de bouleau et 169 stères de sapin ; on a vendu les 375 stères de bois de chêne seulement : combien avait-on coupé de stères en tout et combien en reste-t-il?

P. 174. On a mis dans une caisse de 12 kil. 38 décagrammes, 6 objets pesant : le premier 30 kilogrammes, le deuxième 45 kilog. 25 décagrammes, le troisième 6 kilogr. 8 décagrammes, le quatrième 20 kilog. 36 décagrammes, le cinquième 8 kilogrammes, et le sixième 43 kilogrammes 23 décagrammes : on demande le poids brut de la caisse et celui des objets ?

P. 175. Un marchand a acheté 845 mètres de drap pour 10.690 fr., il en a vendu 568 m. 75 cent. pour 7805 fr. 35 : combien lui reste-t-il de mètres et pour quelle somme?

P. 176. Une cuisinière est allée au marché avec 10 fr. dans sa poche, elle a acheté pour 3 fr. 35 de viande, pour 2 fr. 50 de fruits, pour 1 fr. 30 de légumes, et pour 95 cent. de poissons : combien a-t-elle rapporté, et quelle est sa dépense ?

P. 177. La première race des rois de France dite des Mérovingiens a commencé à régner l'an 420 ; la seconde, dite des Carlovingiens, en 752; la troisième, dite des Capétiens, en 987; la République a commencé en 1792, l'Empire en 1804, la Restauration en 1814 et fini en 1830 : on demande combien chaque race a régné d'années, et quelle a été la durée de la République, de l'empire et de la Restauration ?

P. 178. Deux révolutions ont eu lieu en France, la première en 1789, la seconde en

1830 : combien s'est-il écoulé d'années entre les deux révolutions ?

P. 179. La première race des rois de France a commencé en 420 et la dernière a fini en 1792 : pendant combien d'années ont-elles régné ?

P. 180. D'une pièce de 43 m. 70 cent. on a coupé 38 m. 25 cent., combien en reste-t-il ?

P. 181. Trois héritiers ont à se partager 68.700 fr., le premier doit avoir 34.800 fr., le second 12.850 fr. : quelle sera la part du troisième ?

P. 182. Je devais 4.000 fr. à un marchand, je lui vends pour 1.545 fr. de marchandises et lui donne un billet de 380 fr. et un autre de 729 fr. 75 : combien lui ai-je donné et combien lui redois-je ?

P. 183. Les élèves d'une école forment quatre divisions : la première en contient 26, la seconde 15 de plus que la première, la troisième 19 de plus que la seconde, et la quatrième autant que la seconde et la troisième : on demande le nombre d'élèves de chaque division et combien on peut encore admettre d'élèves, sachant que l'école peut en contenir 250 ?

P. 184. Quel est le nombre qui, ôté de 5.000 fr., donne 1729 plus 375 pour reste ?

P. 185. Une pièce de velours de 26 mètres coûte 520 fr., on en a vendu savoir : une fois 15 m. 60 c. pour 400 fr., une seconde fois 8 m. 80 c. pour 220 fr., et le reste a été vendu 65 fr. 75 : on demande combien elle a été vendue et ce qu'on a gagné dessus ?

P. 186. Lorsqu'une personne donne un billet de 375 fr. et un autre de 2725, plus

725 fr. 75 sur 8005 fr. qu'elle devait : combien redoit-elle ?

P. 187. Dans une pièce de vin de 245 litres on a tiré une fois 26 litres et le lendemain 189 litres : combien en reste-t-il ?

P. 188. Sur une pièce de 5 fr., un écolier a acheté pour 2 fr. 50 de livres, pour 35 cent. de plumes, pour 45 cent. de papier, et pour 15 cent. d'encre : combien doit-il rendre à ses parents ?

P. 189. Je devais à une personne 8720 fr., je lui donne un billet de 150 fr., un autre billet de 2500 fr., des marchandises pour 3050 fr., en argent 2475 fr. : combien lui ai-je donné et combien lui est-il encore dû ?

P. 190. On a pratiqué dans un mur de 0 m. 90 cent. d'épaisseur une niche qui a 0 m. 565 millimètres de profondeur : on demande quelle est l'épaisseur du mur au fond de la niche ?

P. 191 On demande le poids d'un liquide renfermé dans un vase pesant vide 6 kilogr. 5 hectogr. ; sachant que le liquide et le vase qui le contient pèsent 12 kilog. 75 grammes ?

P. 192. Un ouvrier a gagné dans une semaine 18 fr., il a dépensé 10 fr. 50 pour sa nourriture, 2 fr. 25 pour son logement, et 76 c. pour son blanchissage : combien lui reste-t-il ?

P. 193. Le budjet de la France en 1844, s'est élevé à 1.339.356.575 francs pour les recettes ordinaires et extraordinaires, et à 1.372.538.141 francs pour les dépenses ordinaires et extraordinaires : quel est l'excédant des dépenses sur les recettes ?

P. 194. J'ai acheté quatre pièces d'étoffe :

la première contient 45 m. pour 135 fr., la seconde 62 m. 75 c. pour 126 fr. 50 c., la troisième 28 m. 35 pour 142 fr. 50 c., et la quatrième 36 m. pour 144 fr. : combien ai-je acheté de mètres, pour quelle somme, et combien ai-je gagné sur le tout, si je les ai vendues 586 fr. ?

P. 195. Trois personnes ont à se partager une somme de 10.000 fr.; la première prend 3750 fr., la seconde 4539 fr. : quelle sera la part de la troisième ?

P. 196. La différence de deux nombres est 67.025, le plus grand est 80.000 : quel est le plus petit ?

P. 197. Un général qui avait sous ses ordres 98.075 hommes, en perdit 13.750 dans une bataille, 1389 moururent de leurs blessures, 1127 périrent de la peste, 524 se noyèrent en traversant une rivière ; on demande combien il a perdu d'hommes et combien il lui en reste ?

P. 198. Un marchand a payé une facture de 275 fr. avec deux billets, l'un de 75 fr. 5 c., l'autre de 129 fr. 65 c., et le reste en argent : on demande combien il a donné d'argent ?

P. 199. Un cultivateur a vendu pour 670 fr. de pommes de terre, pour 1295 fr. de blé ou autres grains, et pour 945 fr. de fourrage : combien a-t-il de bénéfice, s'il a dépensé pour l'exploitation de sa ferme 1575 fr ?

P. 200. Un particulier a acheté un terrain 3500 fr., il a dépensé, pour l'améliorer, 4370 fr. mais l'ayant revendu 10.000 fr.: combien a-t-il gagné sur cette spéculation ?

MULTIPLICATION.

53. La *Multiplication* est une opération par laquelle on prend un nombre appelé *multiplicande* autant de fois qu'il y a d'unités dans un autre nombre appelé *multiplicateur*. Le résultat se nomme *produit*.

54. Le multiplicande et le multiplicateur se nomment aussi *facteurs* du produit : dans 3 fois 4 font 12, 3 et 4 sont les facteurs du produit 12.

55. On doit autant que possible prendre pour multiplicande le nombre qui représente l'espèce d'unités qu'on veut avoir au produit; mais, pour avoir plus tôt fait l'opération, on prend ordinairement pour multiplicateur le nombre qui contient le moins de chiffres.

USAGES DE LA MULTIPLICATION.

56. La multiplication sert : 1° à faire connaître le produit de deux nombres; 2° à trouver le prix total de plusieurs objets de même espèce lorsqu'on connaît le prix d'un seul; 3° à réduire des entiers d'espèces principales en leurs parties, comme des jours en heures, des heures en minutes.

57. Pour multiplier facilement il faut savoir parfaitement par cœur la table de multiplication.

TABLE DE MULTIPLICATION.

2 fois 1 font 2	5 fois 1 font 5	8 fois 1 font 8
2 . . 2 . . 4	5 . . 2 . 10	8 . . 2 . 16
2 . . 3 . . 6	5 . . 3 . 15	8 . . 3 . 24
2 . . 4 . . 8	5 . . 4 . 20	8 . . 4 . 32
2 . . 5 . 10	5 . . 5 . 25	8 . . 5 . 40
2 . . 6 . 12	5 . . 6 . 30	8 . . 6 . 48
2 . . 7 . 14	5 . . 7 . 35	8 . . 7 . 56
2 . . 8 . 16	5 . . 8 . 40	8 . . 8 . 64
2 . . 9 . 18	5 . . 9 . 45	8 . . 9 . 72
2 . . 10 . 20	5 . 10 . 50	8 . 10 . 80

3 fois 1 font 3	6 fois 1 font 6	9 fois 1 font 9
3 . . 2 . . 6	6 . . 2 . 12	9 . . 2 . 18
3 . . 3 . . 9	6 . . 3 . 18	9 . . 3 . 27
3 . . 4 . 12	6 . . 4 . 24	9 . . 4 . 36
3 . . 5 . 15	6 . . 5 . 30	9 . . 5 . 45
3 . . 6 . 18	6 . . 6 . 36	9 . . 6 . 54
3 . . 7 . 21	6 . . 7 . 42	9 . . 7 . 63
3 . . 8 . 24	6 . . 8 . 48	9 . . 8 . 72
3 . . 9 . 27	6 . . 9 . 54	9 . . 9 . 81
3 . 10 . 30	6 . 10 . 60	9 . 10 . 90

4 fois 1 font 4	7 fois 1 font 7	10 fois 1 font 10
4 . . 2 . . 8	7 . . 2 . 14	10 . 2 . . 20
4 . . 3 . 12	7 . . 3 . 21	10 . 3 . . 30
4 . . 4 . 16	7 . . 4 . 28	10 . 4 . . 40
4 . . 5 . 20	7 . . 5 . 35	10 . 5 . . 50
4 . . 6 . 24	7 . . 6 . 42	10 . 6 . . 60
4 . . 7 . 28	7 . . 7 . 49	10 . 7 . . 70
4 . . 8 . 32	7 . . 8 . 56	10 . 8 . . 80
4 . . 9 . 36	7 . . 9 . 63	10 . 9 . . 90
4 . 10 . 40	7 . 10 . 70	10 . 10 . 100

MANIÈRE DE FAIRE LA MULTIPLICATION PAR UN NOMBRE D'UN SEUL CHIFFRE.

58. Pour multiplier un nombre de plusieurs chiffres par un nombre d'un seul chiffre, il faut placer le multiplicateur sous le chiffre des unités du multiplicande, et souligner le tout; puis, en commençant par la droite, prendre successivement chacun des chiffres du multiplicande, autant de fois qu'il y a d'unités dans le chiffre du multiplicateur, et écrire en entier chaque produit partiel, lorsqu'il ne dépasse 9, sous le chiffre qu'on multiplie; si l'un des produits contient des dizaines on ne pose que les unités et l'on retient les dizaines pour les ajouter au produit suivant. Le produit du dernier chiffre du multiplicande s'écrit tel qu'il se trouve : si un produit partiel est un nombre exact de dizaines on pose un zéro au produit et l'on retient les dizaines.

Exemples.

Multiplicande	243	4527	6375	90.475
Multiplicateur	2	4	6	8
Produit	486	18.108	38.250	723.800

MANIÈRE DE FAIRE LA MULTIPLICATION PAR UN NOMBRE DE PLUSIEURS CHIFFRES.

59. Pour multiplier un nombre de plusieurs chiffres par un autre nombre de plusieurs chiffres, il faut écrire le multiplicateur, sous le multiplicande et souligner ces deux

nombres; puis, en commençant par la droite, multiplier successivement tous les chiffres du multiplicande par chacun des chiffres du multiplicateur, et poser les produits partiels les uns au-dessous des autres, en ayant soin de placer au rang des dizaines le premier chiffre du produit des dizaines, au rang des centaines le premier chiffre du produit des centaines, et ainsi de suite pour les autres; après avoir tiré un trait sous le dernier produit on fait l'addition de tous ces produits partiels, la somme est le produit total.

Exemples.

Multiplicande	425	6245
Multiplicateur	365	672
Produit des unités	2125	12490
Produit des dizaines	2550.	43715.
Produit des centaines	1275..	37470..
Produit total	155125	4196640

MULTIPLICATION DES NOMBRES RENFERMANT DES ZÉROS.

60. Si le multiplicateur renferme des zéros, on multiplie par les chiffres significatifs, sans faire attention aux zéros du multiplicateur; mais il faut toujours avoir soin de placer le premier chiffre de chaque produit partiel au même rang que celui du chiffre par lequel on multiplie.

61. Lorsque le multiplicande ou le multicateur ou tous les deux sont terminés par des

zéros, il faut multiplier comme si ces zéros n'y étaient pas ; et les ajouter tous ensuite à la droite du produit.

Exemples.

30460	5000	45000
6002	25	6700
60920	25	315
182760...	10.	270.
182820920	125000	301500000

MULTIPLICATION DES NOMBRES DÉCIMAUX.

62. La multiplication des nombres décimaux se fait comme celle des nombres entiers, sans avoir égard à la virgule ; mais il faut séparer, par une virgule, sur la droite du produit, autant de chiffres décimaux qu'il y en a au multiplicande et au multiplicateur.

63. Lorsque le produit n'a pas autant de chiffres qu'il doit y avoir de décimales, on ajoute à la gauche du produit autant de zéros qu'il est nécessaire.

Exemples.

Multiplicande	2,35	4,25	0,35
Multiplicateur	34	67,5	0,25
	940	2125	175
	705.	2975.	70.
		2550..	
Produit	79,90	286,875	0,0875

PREUVE DE LA MULTIPLICATION.

64. Le produit ne change pas quel que soit l'ordre des facteurs :

Exemples.

$3 \times 5 = 15$; comme $5 \times 3 = 15$
$3 \times 4 \times 5 = 60$; comme $4 \times 5 \times 3 = 60$

C'est sur ce principe qu'est fondée la preuve de la multiplication.

65. La preuve de la multiplication se fait en mettant le multiplicande à la place du multiplicateur, et le multiplicateur à la place du multiplicande; c'est-à-dire en changeant l'ordre des facteurs. Le produit doit être le même dans les deux opérations si elles sont bien faites.

Exemple.

Opération.		*Preuve.*	
Multiplicande	865	Multiplicateur	427
Multiplicateur	427	Multiplicande	865
	6055		2135
	1730.		2562.
	3460..		3416..
Produit	369355		369355

MULTIPLICATION PAR 10, 100, 1000, 10.000, ETC.

66. Pour multiplier un nombre par 10, 100, 1000, 10.000, etc., c'est-à-dire par l'unité suivie d'un ou de plusieurs zéros, il suffit d'ajouter, à la droite de ce nombre, autant de zéros qu'il y en a après l'unité; si le nombre est décimal il faut avancer la virgule vers la droite, d'autant de chiffres qu'il y a de zéros après l'unité.

Exemples.

$5 \times 10 = 50$; $5 \times 100 = 500$; $5 \times 1000 = 5000$
$3,4 \times 10 = 34$; $3,4 \times 100 = 340$; $3,4 \times 1000 = 3400$
$0,5 \times 10 = 5$; $0,5 \times 100 = 50$; $0,5 \times 1000 = 500$

67. Quand on a le produit de plus de deux nombres à former, on multiplie d'abord le premier par le second, ensuite le produit obtenu, par le troisième, puis ce nouveau résultat par le quatrième, et ainsi de suite jusqu'à ce qu'on ait épuisé tous les facteurs.

Exemple.

Soit à multiplier 3 par 6, par 2 et par 4 on a :

$$3 \times 6 = 18 \times 2 = 36 \times 4 = 144$$

68. Le produit est le même qu'on multiplie successivement un nombre par plusieurs autres nombres, ou par le produit de ces nombres.

Exemple.

$3 \times 6 \times 2 \times 4 = 144$; comme $3 \times 48 = 144$.

EXERCICES SUR LA MULTIPLICATION.

NOMBRES ENTIERS.

201	36 × 4 =	221	43 × 36 =
202	47 × 5 =	222	54 × 62 =
203	745 × 2 =	223	37 × 45 =
204	236 × 4 =	224	26 × 37 =
205	524 × 6 =	225	65 × 43 =
206	264 × 3 =	226	87 × 26 =
207	673 × 5 =	227	96 × 53 =
208	2525 × 4 =	228	65 × 84 =
209	6373 × 2 =	229	39 × 17 =
210	4725 × 4 =	230	67 × 98 =
211	32.621 × 6 =	231	141 × 245 =
212	14.512 × 7 =	232	635 × 612 =
213	21.683 × 3 =	233	726 × 543 =
214	61.247 × 5 =	234	431 × 670 =
215	83.780 × 4 =	235	783 × 506 =
216	45.075 × 8 =	236	5376 × 724 =
217	32.126 × 9 =	237	849 × 4262 =
218	141.316 × 7 =	238	2745 × 3075 =
219	267.435 × 8 =	239	26.704 × 9604 =
220	309.705 × 9 =	240	34.310 × 28736 =

NOMBRES DÉCIMAUX.

241	4,25 × 675 =	251	0,75 × 36 =
242	26,75 × 42 =	252	6,65 × 4,25 =
243	3,75 × 365 =	253	0,35 × 0,75 =
244	14,65 × 37,8 =	254	3,60 × 0,80 =
245	26,40 × 27,60 =	255	0,06 × 0,07 =
246	137,25 × 473 =	256	4,95 × 3,75 =
247	466,76 × 3,85 =	257	6,07 × 0,825 =
248	36,775 × 4,60 =	258	0,65 × 2,376 =
249	75,05 × 28,40 =	259	0,06 × 0,025 =
250	3,125 × 46,75 =	260	0,405 × 0,0065 =

NOMBRES RENFERMANT DES ZÉROS.

261	409 × 657 =	271	4735 × 100 =
262	1480 × 302 =	272	682 × 10 =
263	70.960 × 605 =	273	730 × 1000 =
264	6074 × 490 =	274	4,75 × 100 =
265	15.000 × 3060 =	275	0,756 × 10000 =
266	6400 × 700 =	276	40,76 × 3060 =
267	80.040 × 3004 =	277	6.000 × 63475 =
268	6.007 × 6400 =	278	26,75 × 10 =
269	70.605 × 4080 =	279	30,70 × 10000 =
270	50.900 × 8600 =	280	40.750 × 20040 =

NOMBRES VARIÉS.

281	1764 × 36,75 =	291	8,50 × 950 =
282	2170 × 1000 =	292	74,25 × 4,36 =
283	4,75 × 0,85 =	293	2700 × 36.500 =
284	30,50 × 20,70 =	294	247 × 0,85 =
285	4,075 × 0,35 =	295	0,75 × 0,24 =
286	395,6 × 467,25 =	296	0,06 × 0,07 =
287	26000 × 3,7008 =	297	186.30 × 35.000 =
288	4.030 × 2670 =	298	10.000 × 3.860 =
289	3,500 × 2,750 =	299	36.785 × 38,72 =
290	46,06 × 3,065 =	300	40,705 × 96,54 =

PROBLÈMES SUR LA MULTIPLICATION.

P. 201. Combien y a-t-il de jours dans 4 années de chacune 365 jours ?

P. 202. Une main de papier contient 25 feuilles, combien y a-t-il de feuilles dans 7 mains ?

P. 203. Combien y a-t-il de mètres dans 6 pièces de chacune 47 mètres ?

P. 204. Un franc pèse 5 grammes : quel est le poids d'un sac contenant 762 francs ?

P. 205. Combien y a-t-il d'heures dans une semaine, la semaine a 7 jours et le jour 24 heures ?

P. 206. Un laboureur a mis six minutes pour tracer un sillon : combien est-il resté de minutes pour tracer 324 sillons ?

P. 207. Que faut-il payer pour 36 mètres de drap à 9 francs le mètre ?

P. 208. Combien y a-t-il de litres dans 6 tonneaux, si chacun contient 245 litres ?

P. 209. On a récolté 425 hectolitres de pommes de terre dans un hectare : combien en aurait-on récolté dans 8 hectares ?

P. 210. On demande le poids de 6 caisses pesant chacune 175 kilogrammes ?

P. 211. Que faut-il payer pour 36 mètres de drap, à 25 francs le mètre ?

P. 212. Combien faut-il payer pour 674 pièces de calicot à 45 francs la pièce ?

P. 213. Combien y a-t-il de jours dans 74 années de chacune 365 jours ?

P. 214. Un manufacturier emploie 54 ouvriers qui gagnent l'un dans l'autre 68 francs par mois : quelle somme faut-il chaque mois pour les payer?

P. 215. Il y a 24 heures dans un jour : combien y a-t-il d'heures dans une année ?

P. 216. Un ouvrage a été fait par 18 ouvriers en 34 jours : combien un seul ouvrier aurait-il mis de jours pour le faire ?

P. 217. Un employé gagne 125 francs par mois, quel est son traitement annuel ?

P. 218. Un mètre de velours pèse 147 grammes : quel est le poids d'une pièce de 38 mètres ?

P. 219. Combien y a-t-il de litres dans 27 tonneaux de chacun 235 litres ?

P. 220. On a récolté dans un champ 375 hectolitres de pommes de terre pésant chacun 164 kilogrammes : quel est le poids de la récolte ?

P. 221. Quelle est la façon d'une pièce de velours de 36 mètres, si le mètre est payé 4 fr. 75 c. ?

P. 222. On demande le prix de 65 m. 35 cent. de drap à 24 francs le mètre ?

P. 223. Une famille dépense 6 fr. 50 c. par jour : combien dépense-t-elle en 167 jours ?

P. 224. On demande le prix de 745 stères de bois à 16 fr. 75 c. le stère ?

P. 225. Combien coûteront 12 chemises à 4 fr. 25 l'une ?

P. 226. Une diligence parcourt 15 kilomètres 6 hectomètres par heure : quel chemin parcourt-elle en 24 heures ?

P. 227. Un hectolitre de vin paie 20 fr. 35 c. de droit d'entrée, à Paris : combien paiera-t-on pour une pièce de 2 hectolitres 45 litres ?

P. 228. Quelle somme recevra un cultivateur pour 32 hectolitres 5 décalitres de blé à 18 fr. 25 cent. l'hectolitre ?

P. 229. Une personne dépense 2 fr. 75 c. par jour : combien dépense-t-elle par an ?

P. 230. Quel est le prix d'un pain de sucre pesant 6 kilogrammes 35 décagrammes à 1 fr. 80 cent. le kilogramme ?

P. 231. On demande le prix d'un champ de 4 hectares 75 ares 60 centiares à raison de 2500 fr. l'hectare ?

P. 232. Un ouvrier typographe a composé dans un mois 54 pages à 1 f. 25 la page : combien a-t-il gagné ?

P. 233. On demande le prix d'une pièce de calicot de 48 m. 50 à 0 fr. 80 c. le mètre ?

P. 234. Un homme mange en moyenne 750 grammes de pain par jour : combien en mange-t-il dans une année ?

P. 235. Quel est le prix de 14 stères 5 décistères de bois à 16 fr. 75 le stère ?

P. 236. On paie 48 fr. le mètre cube d'un ouvrage : combien coûteront 6 mètres 375 décimètres cubes ?

P. 237. L'hectolitre de charbon pèse 132 kil. 9 hectog. ; quel est le poids d'un bateau contenant 2709 hectolitres ?

P. 238. La moyenne des personnes qui meurent à Paris dans un jour est de 78 : combien en meurt-il par an ?

P. 239. On a fourni à un hôpital 386 lits de fer à 23 fr. 75 l'un : quel est le montant de la fourniture ?

P. 240. Combien coûteront 4 mètres 25 centimètres de ruban à 0 fr. 75 le mètre ?

P. 241. Un cultivateur a mené à la foire

280 moutons : combien doit-il recevoir s'il les a vendus l'un dans l'autre 36 francs 50 centimes ?

P. 242. Combien coûtent 6 mètres 75 cent. de drap à 15 fr. 60 cent. le mètre ?

P. 243. Dans les bonnes terres de la Flandre un hectolitre de blé en rend 35 : combien récoltera d'hectolitres un cultivateur qui a semé 27 hectolitres 8 décalitres ?

P. 244. Un boucher a acheté dans une année 179 bœufs pesant net l'un dans l'autre 486 kilogrammes : combien a-t-il vendu de kilogrammes de viande ?

P. 245. Quelle est la récolte de pommes de terre d'un cultivateur : sachant qu'il en a planté 43 hectares 85 ares, et que chaque hectare produit environ 275 hectolitres ?

P. 246. Dans une fabrique on brûle 54 chandelles par jour : combien en brûlera-t-on dans 296 jours ?

P. 247. On a donné une gratification de 2 fr. 45 centimes à chaque soldat d'un bataillon composé de 847 hommes : quelle somme a-t-on distribuée ?

P. 248. Combien coûteront 7428 oranges à 0 fr. 125 millièmes la pièce ?

P. 249. Quel sera le prix de 367 kilogrammes 24 décagrammes de marchandises à 26 fr. 75 le kilogr ?

P. 250. Que faut-il payer pour 27 mètres 30 centimètres de ratine à 18 fr. 75 cent. le mètre ?

P. 251. Le poids d'un litre d'huile d'olive étant de 0 kilog. 915 grammes : combien pèseront 75 centilitres ?

P. 252. Combien coûteront 0 mètre 35

centimètres de ruban à 25 centimes le mètre ?

P. 253. On demande le prix de 740 grammes de chandelles à 1 fr. 30 cent. le kilogramme ?

P. 254. Combien coûteront 75 centimètres de doublure à 95 centimes le mètre ?

P. 255. On demande le produit de 0,045 millièmes par 0,0985 dix-millièmes ?

P. 256. Un mètre d'étoffe pèse 125 grammes, combien pèseront 725 millimètres ?

P. 257. A 80 centimes le kilogramme de riz : combien coûteront 35 décagrammes ?

P. 258 Pour quelle somme aurai-je 45 centimètres de lacet à 15 centimes le mètre ?

P. 259. Quel est le prix de 5 centilitres de liqueur à 85 cent. le litre ?

P. 260 Combien coûteront 10 grammes 065 milligrammes à 8 centimes le gramme ?

P. 261. Combien coûteront 500 chevaux à 760 fr. l'un ?

P. 262. Le kilomètre d'une route revient à 17.000 fr. : combien coûte la route sachant qu'elle a 30 kilomètres ?

P. 263. On demande la dépense annuelle d'une ville de 8.500 habitants, si chaque habitant dépense environ 600 fr. par an ?

P. 264. Combien coûteront 2060 mètres d'étoffe à 25 francs 60 centimes le mètre ?

P. 265. On demande le prix de 4.808 pièces de drap à 680 fr. la pièce ?

P. 266. Quelle est la longueur de 640 paquets de fil de fer, si chaque paquet a 150 mètres ?

P. 267. On demande le poids de 65.000

pièces de vin, si chacune pèse 270 kilogrammes ?

P. 268. Lorsqu'un objet revient à 45 fr.: combien coûtent la dizaine, le cent et le mille ?

P. 269. A 5 centimes le gramme : combien coûtent le décagramme, l'hectogramme, et le kilogramme ?

P. 270. Un terrain s'est vendu à Paris 450 fr. le mètre : combien cela fait-il l'are et l'hectare ?

P. 271. On demande le prix de 45 mètres 6 centimètres de damas à 28 fr. 70 cent. le mètre ?

P. 272. Quelle est la longueur de 4500 pièces de velours à 24 mètres 50 centimètres la pièce ?

P. 273. On a récolté dans un vignoble 620 pièces de vin qui contiennent 2 hectolitres 40 litres chacune : on demande combien on a récolté d'hectolitres, de décalitres et de litres ?

P. 274. Combien coûte 0, m. 35 de doublure à 40 centimes le mètre ?

P. 275. A 2 fr. 75 le kilogramme, combien coûteront 67 caisses pesant chacune 40 kilogrammes ?

P. 276. Pour faire un ouvrage on a employé 360 ouvriers pendant 100 jours : quelle somme faudra-t-il payer si chaque ouvrier gagne 3 fr. 50 par jour ?

P. 277. Un homme est mort à 68 ans : combien a-t-il vécu de jours, d'heures, de minutes, de secondes; l'année étant de 365 jours, le jour de 24 heures, l'heure de 60 minutes, la minute de 60 secondes ?

P. 278. Combien s'est-il écoulé de jours, d'heures, de minutes et de secondes en 1845 années?

P. 279. On a vendu dans un marché 748 porcs pesant en moyenne 100 kilogr. à 95 c. le kilogramme : à combien s'élève la vente?

P. 280. Dans une maison il y a 68 croisées ayant chacune 8 carreaux : combien faudra-t-il payer au vitrier à raison de 875 millièmes le carreau?

P. 281. On demande combien il y a de lettres dans un livre de 600 pages, s'il y a 46 lignes à la page et 50 lettres à la ligne?

P. 282. Un marchand a vendu 6 pièces de drap : la première est de 47 m. 25 c. à 18 fr. 50 cent.; la seconde de 20 m. 30 c. à 23 fr. 75 c.; la troisième de 36 m. à 40 fr.; la quatrième de 27 m. 80 c. à 30 fr. 40 c.; la cinquième de 29 m. 35 c. à 14 fr. 75 c.; et la sixième de 36 m. 45 c. à 17 fr. 90 c. : on demande le prix de chaque pièce, celui des 6 pièces et leur longueur?

P. 283. Un tailleur achète une pièce de drap ayant 46 m. 75 c. à 18 fr. 80 c. le mètre; il donne en paiement un billet de 278 fr. et un autre de 183 fr. 50 : on demande ce que lui coûte la pièce, et ce qu'il doit donner en argent?

P. 284. Un marchand achète une pièce de velours ayant 28 m. 70 c. à 16 fr. 50 le mètre; il la revend 18 fr. 25 : on demande ce qu'il a payé la pièce, ce qu'il la revend et quel est son bénéfice?

P. 285. Un vigneron a récolté 36 pièces de vin de chacune 250 litres : quelle est la valeur de sa récolte s'il vend l'hectolitre 20 francs?

P. 286. Un maître a quatre ouvriers, le premier gagne 4 fr. 75 par jour, le second 4 fr. 25, le troisième 3 fr. 75, le quatrième 3 fr. 50 : quelle somme doit-il à chacun au bout de 28 jours, et quelle somme faut-il pour les payer?

P. 287. On a vendu 6 fr. 75 le mètre d'une étoffe qui coûtait 5 fr. 90 : on demande le prix de la pièce, ce qu'on l'a vendue et quel a été le bénéfice, sachant qu'elle avait 36 mètres 50 cent.?

P. 288. Un jeune homme voulant se faire faire un habit, a acheté 1 m. 85 cent. de drap à 27 fr. 80; 1 m. 70 c. de doublure à 85 cent.; pour 6 fr. 45 de fournitures; il a payé 30 fr. de façon : à combien lui revient son habit?

P. 289. Un fermier a vendu 200 hectolitres de blé à 18 fr. 40 cent. l'hectolitre; 550 hect. d'avoine à 10 fr. 75 cent.; et 450 hect. de pommes de terre à 3 fr. 85 : à combien se monte la vente de chaque article et la vente totale, et quel est son bénéfice, sachant qu'il a 4000 fr. de loyer, et pour 5750 francs de frais d'exploitation?

P. 290. Un marchand de bois a acheté 870 stères à 14 francs 60 le stère; il en a revendu 350 stères à 16 fr. 50, et le reste à 17 f. 25 : on demande ce qu'il a payé les stères, ce qu'il les a vendus et quel a été son bénéfice?

P. 291. Un marchand a vendu une coupe de drap de 26 mètres 75 centimètres qui lui avait coûté 18 fr. 50 cent. le mètre, savoir : une fois 6 mètres à 21 fr. 75 c., une autre fois 5 m. 75 à 22 fr., et le reste à 20 fr. 50 : on demande ce que lui coûte le drap, ce qu'il l'a vendu et quel a été son bénéfice ?

P. 292. Une personne devait 8000 francs, elle a donné en paiement 45 m. de toile à 3 fr. 60 c., 26 m. de calicot à 95 c., un billet de 3050, un autre billet de 1575 : combien a-t-elle donné d'argent ?

P. 293. Un marchand de chevaux en a acheté 35 à une foire, à raison de 450 fr. l'un, chaque cheval lui coûte 15 fr. 80 c. de nourriture et de frais de route : combien a-t-il déboursé pour le tout ?

P. 294. Quel est le poids du chargement d'un bateau contenant 526 pièces de vin pesant en moyenne 260 kilogrammes ?

P. 295. Un tailleur a acheté 3 pièces de drap : la première de 26 m. 50 cent. coûte 17 fr. 60 le mètre ; la deuxième de 30 m. 60 à 18 fr. 25 ; et la troisième de 35 m. 90 à 20 fr. 45 ; il les a payées en trois billets : le premier de 425 fr., le second de 175 fr. 25, le troisième de 390 fr., et le reste en argent : on demande ce que lui coûte chaque pièce et les trois ensemble, et quelle somme en argent il a donnée ?

P. 296. Deux marchands ont fait un échange ; l'un a fourni 208 hectolitres de blé à 19 fr. 75 l'hectolitre ; l'autre, 385 hectolitres d'avoine à 9 fr. 35 c. : pour combien chaque marchand a-t-il fourni, et quelle somme redoit le dernier ?

P. 297. Une mère de famille a acheté 25 mètres de toile à 2 fr. 25, 16 mètres 75 c. d'indienne à 85 cent., 8 mètres 50 de mérinos à 4 fr. 75, et 20 m. 50 de calicot à 70 cent., plus divers articles montant à 6 fr. 30 : on demande combien lui coûte chaque étoffe et quelle a été sa dépense totale ?

P. 298. On a vendu 26 m. 35 de drap 600 francs, on a gagné 2 fr. 75 par mètre : combien avait-on payé le drap ?

P. 299. Quelle somme faut-il payer à 60 ouvriers qui ont travaillé pendant 28 jours : si 15 ouvriers gagnent chacun 3 fr. 50 c. par jour ; 20 ouvriers, 2 fr. 75 par jour ; et les autres, 2 fr. 50 ?

P. 300. Une bourse contient 30 pièces de 20 fr. et 10 de 40 fr., plus 20 fr. en pièces d'argent ; les pièces de 20 fr. pèsent 6 grammes 45.161 cent-millièmes, celles de 40 fr. 12 gr. 92.322 cent-millièmes, et le franc 5 gr. : on demande 1° le poids des pièces d'or, 2° celui des pièces d'argent, 3° le poids de la bourse, et 4° quelle somme elle contient ?

DIVISION.

69. La *Division* est une opération par laquelle on cherche combien de fois un nombre, appelé *dividende*, contient un autre nombre, appelé *diviseur*. Le résultat se nomme *quotient* (prononcez cocian).

70. Pour diviser facilement il faut savoir par cœur la table de division.

En 2 combien 2 il y est 1					En 6 combien 6 il y est 1				
4	de fois	2	.	2	12	de fois	6	.	2
6	. .	2	.	3	18	. .	6	.	3
8	. .	2	.	4	24	. .	6	.	4
10	. .	2	.	5	30	. .	6	.	5
12	. .	2	.	6	36	. .	6	.	6
14	. .	2	.	7	42	. .	6	.	7
16	. .	2	.	8	48	. .	6	.	8
18	. .	2	.	9	54	. .	6	.	9
En 3 combien 3 il y est 1					**En 7 combien 7 il y est 1**				
6	de fois	3	.	2	14	de fois	7	.	2
9	. .	3	.	3	21	. .	7	.	3
12	. .	3	.	4	28	. .	7	.	4
15	. .	3	.	5	35	. .	7	.	5
18	. .	3	.	6	42	. .	7	.	6
21	. .	3	.	7	49	. .	7	.	7
24	. .	3	.	8	56	. .	7	.	8
27	. .	3	.	9	63	. .	7	.	9
En 4 combien 4 il y est 1					**En 8 combien 8 il y est 1**				
8	de fois	4	.	2	16	de fois	8	.	2
12	. .	4	.	3	24	. .	8	.	3
16	. .	4	.	4	32	. .	8	.	4
20	. .	4	.	5	40	. .	8	.	5
24	. .	4	.	6	48	. .	8	.	6
28	. .	4	.	7	56	. .	8	.	7
32	. .	4	.	8	64	. .	8	.	8
36	. .	4	.	9	72	. .	8	.	9
En 5 combien 5 il y est 1					**En 9 combien 9 il y est 1**				
10	de fois	5	.	2	18	de fois	9	.	2
15	. .	5	.	3	27	. .	9	.	3
20	. .	5	.	4	36	. .	9	.	4
25	. .	5	.	5	45	. .	9	.	5
30	. .	5	.	6	54	. .	9	.	6
35	. .	5	.	7	63	. .	9	.	7
40	. .	5	.	8	72	. .	9	.	8
45	. .	5	.	9	81	. .	9	.	9

USAGES DE LA DIVISION.

71. La division sert 1° à trouver combien de fois un nombre est contenu dans un autre; 2° à partager un nombre en autant de parties égales qu'on veut; 3° à trouver le prix d'un seul objet lorsqu'on connaît le prix total de plusieurs; 4° à trouver combien on aura d'objets pour une somme donnée, connaissant le prix d'un objet; 5° à rappeler les parties à leur tout; comme des minutes en heures, des heures en jours, etc.

MANIÈRE DE FAIRE LA DIVISION.

72. Pour faire la division, il faut écrire le diviseur à la droite du dividende, les séparer par un trait vertical et souligner le diviseur, au-dessous duquel on écrit les chiffres du quotient à mesure qu'on les trouve.

Puis, on prend sur la gauche du dividende autant de chiffres qu'il en faut pour contenir le diviseur, ce nombre de chiffres se nomme premier dividende partiel, à la droite duquel on pose un point; on cherche combien de fois le premier chiffre du diviseur est contenu dans le premier ou les deux premiers chiffres du dividende partiel, et l'on écrit au quotient le chiffre qui marque ce nombre de fois; on multiplie le diviseur par le chiffre trouvé du quotient, et l'on retranche le produit, du dividende partiel, ce qui donne un premier reste, à la droite duquel on abaisse le chiffre suivant du dividende, ce qui forme un second dividende partiel; on opère sur ce nouveau dividende comme sur le premier, et l'on continue de la même manière jusqu'à ce que tous les chiffres du dividende aient été abaissés.

DIVISIONS PAR DES NOMBRES D'UN CHIFFRE.

Exemples.

9.824 : 4 = 2456.

```
               Dividende 9.824  | 4 diviseur.
                         8      |-----------
                         -----  | 2456 quotient.
2e dividende partiel 18
                     16
                     ---
3e dividende partiel  22
                      20
                      ---
4e dividende partiel   24
                       24
                       ---
                       00
```

18.760 : 5 = 3752.

```
               Dividende 18.760 | 5 diviseur.
                         15     |-----------
                         ----   | 3752 quotient.
2e dividende partiel 37
                     35
                     ---
3e dividende partiel  26
                      25
                      ---
4e dividende partiel   10
                       10
                       ---
                       00
```

78.438 : 3 = 26.146; 255.047 : 7 = 36.435

```
D^e 7.8438 | 3 d^r            D^e 25.5047 | 7 d^r
    6      |--------             21       |------
   ---     | 26146 q^t          ---       | 36435
    18                           45
    18                           42
   ---                          ---
    04                           30
     3                           28
    ---                          ---
     13                           24
     12                           21
    ---                          ---
      18                          37
      18                          35
     ---                         ---
      00                   Reste   2
```

DIVISIONS PAR DES NOMBRES DE PLUSIEURS CHIFFRES.

325.066 : 62 = 5243.

```
             Dividende 325.066 | 62 diviseur.
                       310     |--------------
                      ----     | 5243 quotient.
2^e dividende partiel   150
                        124
                       ----
3^e dividende partiel    266
                         248
                        ----
4^e dividende partiel     186
                          186
                         ----
                          00
```

2.949.968 : 4735 = 623.

```
     Dividende 29499.68 | 4735 diviseur.
               28410    |------
               -----    | 623  quotient.
2e divide partiel 10896
                   9470
                  -----
3e divide partiel 14268
                  14205
                  -----
      Reste          63
```

PREUVE DE LA DIVISION.

73. La preuve de la division se fait en multipliant le quotient par le diviseur; et ajoutant au produit le reste de la division, s'il y en a un, ce produit doit être égal au dividende, si les opérations sont bien faites.

Exemple.

128.375 : 42 = 3056.

```
     OPÉRATION.                          PREUVE.
De 128.375 | 42 diviseur.          quotient 3056
   126     |------                 diviseur   42
   ---     | 3056 quotient.                -----
    237                                     6112
    210                                   12224.
    ---                             Reste.    23
     275                                  ------
     252          Produit égal au divide 128375
     ---
Reste 23
```

OBSERVATIONS SUR LA DIVISION.

74. Un chiffre écrit au quotient est trop fort, lorsque le produit du diviseur par ce

chiffre est plus grand que le dividende partiel correspondant, et ne peut en être retranché?

75. Un chiffre écrit au quotient est trop faible, lorsque le produit du diviseur par ce chiffre retranché du dividende partiel correspondant donne un reste plus fort que le diviseur, ou qui lui est égal.

76. Un chiffre écrit au quotient est exact quand le produit du diviseur par ce chiffre peut être retranché du dividende partiel, et que le reste est plus petit que le diviseur.

77. Pour éviter des tatonnements, et afin de trouver plus facilement le véritable chiffre du quotient, chaque fois que le second chiffre du diviseur est plus fort que 5, il faut augmenter par la pensée, le premier d'une unité.

78. Dans chaque division partielle on ne doit jamais poser plus de 9 au quotient.

79. Chaque fois qu'on abaisse un chiffre du dividende, il faut poser un chiffre au quotient.

80. Si un dividende partiel ne contient pas le diviseur, il faut, avant d'abaisser un nouveau chiffre du dividende, poser un zéro au quotient.

81. On connaît le nombre de chiffres qu'il y aura au quotient, en séparant à la gauche du dividende, autant de chiffres qu'il en faut pour que le diviseur y soit contenu; le nombre de chiffres qui restent au dividende, plus un, indique combien il y en aura au quotient.

QUOTIENTS ÉVALUÉS EN DÉCIMALES.

82. Lorsque le dividende est plus petit que

le diviseur, on place d'abord au quotient un zéro suivi d'une virgule, pour exprimer qu'il n'y a pas d'entiers; puis on réduit le dividende en dixièmes, en centièmes, etc., en ajoutant des zéros à sa droite, et l'on divise comme à l'ordinaire.

83. Lorsque après avoir abaissé tous les chiffres du dividende, il y a un reste, on réduit ce reste en dixièmes, en écrivant un zéro à sa droite, et l'on continue la division après avoir posé une virgule au quotient; s'il y a un second reste, on ajoute un nouveau zéro à sa droite, pour obtenir des centièmes, et l'on continue la division, etc. De cette manière, on obtient une approximation aussi grande qu'on veut.

Exemples.

2 : 8 = 0,25; 141 : 4 = 35,25.

```
2,00 | 8             141 | 4
1 6  |------         12  |------
---- | 0,25          --- | 35,25
  40                  21
  40                  20
  --                  --
  00                  1,0
                        8
   Preuve.            ---     Preuve.
                       20
   0,25                20      35,25
      8                --          4
   ----                00     ------
   2,00                       141,00
```

DIVISION DES NOMBRES RENFERMANT DES ZÉROS.

84. Lorsque le dividende et le diviseur sont terminés par des zéros, on peut supprimer à la droite des deux nombres, le même nombre de zéros sans changer le quotient.

Exemple.

8000 : 4000 = 2; comme 8 : 4 = 2.

85. Si le diviseur seul est suivi d'un ou de plusieurs zéros, on divise d'abord par la partie significative du diviseur, ensuite on sépare au quotient, par une virgule, autant de chiffres décimaux qu'il y a de zéros à la suite du diviseur.

Exemple.

2125 : 500 = 4,25.

DIVISION PAR 10, 100, 1000, 10.000, ETC.

86. Pour diviser un nombre par 10, 100, 1000, etc., c'est-à-dire, par l'unité suivie d'un ou de plusieurs zéros, il suffit de séparer, par une virgule, sur la droite de ce nombre, autant de chiffres décimaux qu'il y a de zéros après l'unité; si c'est un nombre décimal, on avance la virgule vers la gauche d'autant de chiffres qu'il y a de zéros après l'unité; s'il n'y a pas assez de chiffres, on ajoute à la gauche du nombre autant de zéros qu'il est nécessaire.

Exemples.

5 : 10 = 0,5 ; 5 : 100 = 0,005 ; 5 : 1000 = 0,005.

8243 : 10 = 824,3 ; 8243 : 100 = 82,43 ; 8243 : 1000 = 8,243.

6,75 : 10 = 0,675 ; 6,75 : 100 = 0,0675 ; 6,75 : 1000 = 0,00675.

34.000 : 10 = 3400 ; 34.000 : 100 = 340 ; 34.000 : 1000 = 34 ; 34.000 : 10000 = 3,4.

CHANGEMENTS QUE SUBIT LE QUOTIENT LORSQU'ON MULTIPLIE OU QU'ON DIVISE LE DIVIDENDE ET LE DIVISEUR, OU L'UN D'EUX.

87. Quand on multiplie ou qu'on divise le dividende et le diviseur par un même nombre, le quotient ne change pas.

Exemple.

18 : 6 = 3 ; 36 : 12 = 3 ; 9 : 3 = 3.

88. Lorsqu'on multiplie ou qu'on divise seulement le dividende par un nombre, le quotient se trouve multiplié ou divisé par ce nombre.

Exemple.

12 : 3 = 4 ; 24 : 3 = 8 ; 6 : 3 = 2.

89. Quand on multiplie seulement le diviseur par un nombre, on divise le quotient par ce même nombre ; et si l'on divise le diviseur, on multiplie le quotient, c'est-à-dire

que l'opération qu'on fait subir au diviseur se reproduit en sens inverse sur le quotient.

Exemple.

24 : 6 = 4; 24 : 12 = 2; 24 : 3 = 8.

90. Le quotient est le même quand on divise un nombre successivement par plusieurs autres nombres, ou qu'on le divise par le produit de ces nombres.

Exemple.

Soit 48 à diviser par 2, par 3 et par 4 :
48 : 2 = 24 : 3 = 8 : 4 = 2; comme
48 : 2 × 3 × 4 = 2; comme 48 : 24 = 2.

DIVISION DES NOMBRES DÉCIMAUX.

91. La division des nombres décimaux se fait comme celle des nombres entiers; mais elle présente quatre cas : 1° lorsque le dividende et le diviseur ont le même nombre de décimales, on divise comme si c'était des nombres entiers sans faire attention à la virgule; 2° si le dividende seul a des décimales, on divise comme à l'ordinaire; mais alors on sépare un quotient par une virgule, autant de chiffres décimaux qu'il y en a dans le dividende; 3° si le dividende contient plus de décimales que le diviseur, on avance vers la droite du dividende, la virgule d'autant de chiffres qu'il y a de décimales au diviseur, et l'on divise comme dans le cas précédent; 4° lorsque le diviseur a plus de décimales que le dividende, on ajoute à la droite du dividende autant de zéros que le diviseur a de

décimales de plus que le dividende, puis on divise comme à l'ordinaire.

Premier cas.

148,75 : 5,25 = 35

```
1487.5 | 425
1275   |----
----   | 35
 2125
 2125
 ----
  000
```

Deuxième cas.

2199,45 : 341 = 6,45

```
2199,45 | 341
2046    |-----
----    | 6,45
 1534
 1364
 ----
  1705
  1705
  ----
   000
```

Troisième cas.

14,6625 : 4,25 = 3,45;

```
1466,25 | 425
1275    |-----
----    | 3,45
 1912
 1700
 ----
  2125
  2125
  ----
  0000
```

Quatrième cas.

2489 : 4,75 = 524

```
2489.00 | 475
2375    |-----
----    | 524
 1140
  950
 ----
  1900
  1900
  ----
   000
```

MANIÈRE D'ABRÉGER LA DIVISION.

92. On abrège la division en ne posant pas sous chaque dividende partiel, le produit du diviseur par chaque chiffre du quotient; on fait la soustraction de mémoire, et l'on pose seulement le reste sous chaque chiffre du dividende partiel.

Exemple.

63.575 : 25 = 2543.

Division ordinaire.		Division abrégée.	
63.575	25	63.575	25
50	2543	135	2543
135		107	
125		75	
107		00	
100			
75			
75			
00			

93. Les divisions à un chiffre se font de mémoire quand on a la pratique de la division.

EXEMPLES DE DIVISIONS ABRÉGÉES A UN CHIFFRE.

53.630 : 2 = 26.815
40.692 : 3 = 13.564
145.036 : 4 = 36259
603.725 : 5 = 120745
315.942 : 6 = 52657
316.715 : 7 = 45245
324.816 : 8 = 40.602
25.006.725 : 9 = 2.778.525

Remarque.

Diviser par 2, c'est en prendre la moitié.
un » 3 » » le tiers.
nombre » 4 » » le quart.
» 5 » » le cinquième.
» 6 » » le sixième.
» 7 » » le septième.
» 8 » » le huitième.
» 9 » » le neuvième.

PREUVE DE LA MULTIPLICATION PAR LA DIVISION.

94. Pour faire la preuve de la multiplication par la division, il faut diviser le produit par l'un des facteurs, le quotient donnera l'autre. Les commençants feront bien, pour s'exercer à diviser, de faire des multiplications, et de diviser ensuite le produit de chacune par le multiplicateur et par le multiplicande, ce qui fera deux divisions.

Exemples.

Multiplication.	1re Division.		2e Division.	
Mde 4725	1540.350	326	15403.50	4725
Meur 326	2363	4725	12285	326
28350	815		28350	
9450.	1630		0000	
14175..	000			
1540350 Produit.				

DIVISIBILITÉ DES NOMBRES.

95. Un nombre est divisible sans reste :

Par 2. Quand son dernier chiffre est pair; *exemples* : 36, 728, 6420.

Par 3. Quand la somme de ses chiffres additionnés comme des unités simples, égale 3 ou un multiple de 3 ; *ex.* : 111, 2541, 74280.

Par 4. Quand les deux derniers chiffres à droite sont divisibles par 4 ; *ex.* : 24, 612, 6840.

Par 5. Quand il est terminé par 5 ou par 0 ; *ex.* : 45, 6720, 71.3525.

Par 6. Quand il est pair et que la somme de ses chiffres est divisible par 3, *ex.* : 36, 1110, 34.734.

Par 8. Quand les trois derniers chiffres à droite sont divisibles par 8; *ex.* : 256, 18.104, 4.504.320.

Par 9. Quand la somme des chiffres additionnés comme des unités simples, égale 9, ou un multiple de 9; *ex.* : 45, 4257, 300.645.

Par 12. Quand il est divisible à la fois par 3 et par 4; *ex.* : 48, 6120, 26.436.

Par 15. Quand il l'est par 3 et par 5; *ex.* : 45, 6045, 129.840.

Par 18. Quand il l'est par 9 et par 12; *ex.* : 36, 3672, 63.540.

Par 24. Quand il l'est par 3 et 8; *ex.* : 72, 6120, 603.048.

Par 25. Quand il est terminé par 25, 50, 75 ou 00; *ex.* : 125, 6750, 46.375, 134.200.

Par 36. Quand il l'est par 4 et par 9; *ex.* : 72, 27.180, 542.736.

Par 45. Quand il l'est par 5 et par 9; *ex.* : 90, 72.405, 241.736.400.

Par 72. Quand il l'est par 8 et par 9; *ex.* : 144, 60.480, 364.032.

EXERCICES SUR LA DIVISION.

NOMBRES ENTIERS.

301	432 : 2 =	321	45.612 :	18 =
302	744 : 3 =	322	507.045 :	15 =
303	624 : 4 =	323	39 872 :	64 =
304	730 : 5 =	324	144.905 :	42 =
305	2.706 : 6 =	325	810.216 :	36 =
306	3.627 : 7 =	326	106.575 :	435 =
307	4.128 : 8 =	327	261.324 :	612 =
308	25.407 : 9 =	328	107.304 :	526 =
309	61.320 : 5 =	329	12.350 :	475 =
310	46.752 : 6 =	330	2940.000 :	625 =
311	70.244 : 4 =	331	472.706 :	408 =
312	32.000 : 7 =	332	506.425 :	875 =
313	40.815 : 6 =	333	3704.520 :	292 =
314	34.720 : 2 =	334	1275.625 :	125 =
315	172 404 : 9 =	335	474.046 :	842 =
316	32.016 : 12 =	336	3488.700 :	4812 =
317	21.360 : 15 =	337	1891.045 :	3045 =
318	72.495 : 45 =	338	142.726 :	4705 =
319	810.360 : 72 =	339	4706.420 :	71425
320	624.150 : 25 =	340	12966675 :	30725

QUOTIENTS ÉVALUÉS EN DÉCIMALES.

341	2 : 8 =	346	848 : 1325 =
342	6 : 25 =	347	385 : 47500 =
343	18 : 24 =	348	736 : 8475 =
344	48 : 75 =	349	6 : 125 =
345	102 : 425 =	350	75 : 4525 =

NOMBRES ACCOMPAGNÉS DE ZÉROS.

351	540 : 20 =	356	780.690 : 10 =
352	9.600 : 30 =	357	4500.000 : 1000 =
353	4.200 : 400 =	358	780.000 : 45000
354	5 300 : 250 =	359	2754.000 : 10000
355	67.200 : 100 =	360	52920000 : 72000

NOMBRES DÉCIMAUX.

361	290,25 : 6,75 =	371	21.684 : 34,75 =
362	263,50 : 3,50 =	372	267,8 : 0,325 =
363	1551,25 : 4,25 =	373	24,21 : 6,725 =
364	8616,45 : 3,27 =	374	1579,05 : 63,80 =
365	1642,50 : 365 =	375	0,20625 : 0,75 =
366	1365,85 : 2,95 =	376	25,50 : 3,50 =
367	107,395 : 45,7 =	377	198.070 : 36,25 =
368	32,8175 : 0,95 =	378	2,755 : 3,64 =
369	344,3475 : 46,85 =	379	0,060875 : 2,435 =
370	3,003 : 8,25 =	380	0,05625 : 0,125 =

NOMBRES VARIÉS.

381	2646,25 : 365 =	391	112.20 : 26,40
382	121.100 : 890 =	392	15022500 : 3750 =
383	360.000 : 480 =	393	16650000 : 4500 =
384	15870000 : 4600 =	394	6785 : 100 =
385	48 : 0,75 =	395	45,70 : 10.000
386	101,47 : 27,80	396	130,6875 : 30,75 =
387	98.306 : 398 =	397	69.020 : 3625 =
388	16.113 : 524 =	398	31 : 248 =
389	91 : 3,64 =	399	2287,8275 : 83,65
390	0,361 : 2680 =	400	0,01 : 0,04 =

PROBLÈMES SUR LA DIVISION.

P. 301. On veut partager 654 billes entre 3 écoliers : combien chacun en aura-t-il ?

P. 302. Un écolier a gagné en 5 jours 375 bons points : combien en a-t-il gagné par jour ?

P. 303. La distance de la terre au soleil est de 153.624.000 kilomètres, la lumière de cet astre nous parvient en 8 minutes : combien parcourt-elle de kilomètres par minute ?

P. 304. On demande de partager 30.408 fr. entre 4 personnes, et ce qu'il revient à chacune ?

P. 305. Il y a 1170 litres de vin dans un foudre, qui a rempli 5 pièces : combien chaque pièce contient-elle de litres ?

P. 306. Six caisses pèsent ensemble 432 kilogrammes : quel est le poids de chaque caisse ?

P. 307. Combien y a-t-il de semaines dans 4466 jours ?

P. 308. On a reçu 2375 francs en pièces de 5 francs : combien a-t-on reçu de pièces ?

P. 309. On a payé 3105 francs 9 chevaux : à combien revient chaque cheval ?

P. 310. Il a été livré à un établissement 29.400 mètres d'étoffe en 8 fois : de combien de mètres était chaque livraison ?

P. 311. On a payé 350 francs 34 mètres de drap : à combien revient le mètre ?

P. 312. Combien y a-t-il de jours dans 1560 heures ?

P. 313. Il a fallu 5552 journées pour faire un travail auquel on a employé 16 ouvriers : combien chaque ouvrier a-t-il travaillé de jours?

P. 314. Une pièce de drap contenant 24 mètres coûte 344 francs : quel est le prix du mètre ?

P. 315. Un cultivateur a vendu un troupeau de moutons 3290 francs : de combien de moutons se composait son troupeau, s'il les a vendus l'un dans l'autre 35 francs?

P. 316. Combien mettrait-on de jours pour faire le tour de la terre, qui est de 40.000 kilomètres, si l'on pouvait toujours aller en ligne droite, et faire 35 kilomètres par jour?

P. 317. Pour 455 francs on a acheté 14 mètres de drap : à combien revient le mètre?

P. 318. Il a fallu 720 journées à 16 ouvriers pour faire un ouvrage : combien chaque ouvrier a-t-il travaillé de jours?

P. 319. Un ouvrier a gagné 304 francs en 64 jours de travail : combien a-t-il gagné par jour?

P. 320. Combien 8760 heures font-elles de jours?

P. 321. Un employé a 1200 francs d'appointemens : combien cela lui fait-il par jour?

P. 322. Combien y a-t-il d'années dans 673.425 jours.

P. 323. Lorsque pour 2340 francs on a fait faire 624 mètres d'ouvrage : à combien revient le mètre?

P. 324. Quel est le poids d'une caisse, lorsque 57.450 kilogrammes sont le poids de 426 caisses?

P. 325. Un vigneron a trois foudres qui contiennent ensemble 51.600 litres : combien contiennent-ils de pièces s'il entre 240 litres dans une pièce?

P. 326. On a vendu 324 hectolitres de froment 7047 francs : combien est-ce l'hectolitre?

P. 327. Pour 9447 francs, on a eu 564 stères : à combien revient le stère?

P. 328. Une propriété de 467 hectares s'est vendue 850.000 francs : combien coûte l'hectare?

P. 329. On a acheté 3675 mètres de drap pour la somme de 46.570 francs : à combien revient le mètre?

P. 330. La population de la France est de 34.230.178 habitants et sa superficie de [illegible]27.686 kilomètres carrés : combien y a-t-il d'habitants par kilomètre?

P. 331. On a payé 1258 fr. 75 pour 265 [illegible]tres : combien coûte le mètre?

P. 332. Un vigneron a récolté 108 hecto[illegible]s 10 litres de vin : combien a-t-il récolté [illegible]èces de chacune 235 litres?

[illegible] 333. Un fabricant de sucre en a livré 3045 [illegible] pesant ensemble 12.941 kil. 25 décag. : [illegible]t le poids moyen d'un pain?

[illegible]4. On a fait abattre et débiter 64 arbres qui [illegible]roduit 150 stères 4 décistères de bois de ch[illegible]age : combien chaque arbre en a-t-il pro[illegible]un dans l'autre?

P. 3[illegible] Pour transporter 5718 m. 125 décimètres [illegible]bes, il a fallu 1307 journées : combien [illegible]-t-on transporté dans une journée?

P. 336. [illegible] a labouré 35 hectares 55 ares

dans 79 jours de travail : combien a-t-on labouré d'ares par jour ?

P. 337. Pour 168 fr. 15 cent. on a acheté 35 m. 40 décimètres d'étoffe : à combien revient le mètre?

P. 338. Un ouvrier a gagné 1027 fr. 50 c. dans une année : combien a-t-il travaillé de jours, sachant qu'il gagne 3 fr. 75 c. par jour?

P. 339. On a payé 235 fr. 935 millièmes une pièce de satin : combien contient-elle de mètres, sachant que le prix du mètre est de 6 fr. 30 c.?

P. 340. On a payé 9 fr. 1875 pour 2 kilog. 45 décagrammes de café : combien coûte le kilogramme ?

P. 341. Un cultivateur a vendu sa récolte de blé 702 fr. 625, à raison de 19 fr. 25 l'hectolitre : combien a-t-il vendu d'hectolitres?

P. 342. L'intérêt d'une somme est de 165 f; qu'elle est cette somme sachant que l'inté d'un franc est de 0 fr. 06 centimes?

P. 343. Une personne a payé 140 fr. 25 p sa provision de bois, composée de 8 st 5 décistères ; combien lui coûte le stère?

P. 344. Quelle est la superficie d'un te n qu'on a payé 1345 fr. 20, à raison de 47 0 l'are?

P. 345. Le papier employé pour l' es- sion d'un livre coûte 624 fr. : combi -t-on employé de rames, sachant que rame coûte 9 fr. 75 ?

P. 346. Lorsque 25 centimèt le doublure coûtent 15 centimes : co n coûte le mètre ?

P. 347. Combien faut-il pièces de 0 fr. 025 millièmes pour faire ranes?

P. 348. Pour 5 fr. 80 c. j'ai eu 464 pommes ; à combien revient chaque pomme ?

P. 349. Combien aura-t-on d'oranges pour 23 fr. 94 c., si l'orange coûte 0 fr. 035 millièmes ?

P. 350. Lorsque 75 centimètres de calicot reviennent à 0 fr. 3375 dix-millièmes : combien vaut le mètre ?

P. 351. Une pièce de ruban de 24 mètres coûte 6 fr. : à combien revient le mètre ?

P. 352. Pour 48 fr. on a acheté 64 litres de vin : combien coûte le litre ?

P. 353. Lorsque pour 51 fr. on a 204 pavés : quel est le prix du pavé ?

P. 354. Pour 75 fr. on a acheté une pièce de vin contenant 240 litres : à combien revient le litre ?

P. 355. J'ai acheté 75 kilogrammes de sel pour 30 fr. : combien coûte le kilogramme ?

P. 356. Pour 2 fr. 24 centimes, j'ai eu un coupon de ruban de 6 mètres 40 centimètres : à combien me revient le mètre ?

P. 357. On a payé 131 fr. avec 524 pièces de monnaie : quelle était la valeur de la pièce ?

P. 358. Un tailleur a payé 88 fr. 704 douzaines de boutons : à combien revient la douzaine ?

P. 359. A 7 centimes les 25 centimètres de lacet : combien coûte le mètre ?

P. 360. A combien revient la feuille d'une rame de papier qui coûte 12 fr : sachant que la rame contient 20 mains et la main 25 feuilles ?

P. 361. Un marchand de drap en a vendu

150 mètres pour 3000 fr. : combien l'a-t-il vendu le mètre?

P. 362. Un terrain formant un rectangle, a 70.000 mètres de superficie, le grand côté a 500 mètres : quelle est la longueur du petit?

P. 363. La récolte d'un vigneron est de 21.000 litres : combien aura-t-il de pièces de vin, si chaque pièce contient 250 litres?

P. 364. A 4 francs le kilogramme de café : combien coûte l'hectogramme, le décagramme et le gramme?

P. 365. Lorsque le blé vaut 18 francs l'hectolitre : combien vaut le décalitre et le litre?

P. 366. On a vendu une coupe de bois à raison de 140 fr. le décastère : à combien revient le stère et le décistère?

P. 367. Une propriété de 15 hectares a été vendue 67.500 fr. : à combien revient l'hectare, l'are et le centiare?

P. 368. Combien faut-il de pièces de 40 fr., de 20 fr., de 5 fr., de 2 fr., de 1 fr., de 50 c., de 25 c., de 10 c., de 5 c. et de 1 c., pour faire 400 fr. avec chacune de ces pièces?

P. 369. Le chemin de fer de Paris à Orléans a 132 kilomètres 687 mètres, et coûte 50.000.000 fr. : à combien revient le kilomètre, l'hectomètre, le décamètre et le mètre?

P. 370. A 35 fr. le mille de briques : combien coûte le cent, la dizaine et la pièce?

P. 371. Une pièce de mérinos coûte 207 fr. 10 cent. : on demande le prix du mètre, sachant qu'elle a 43 mètres 60 centimètres?

P. 372. Combien aura-t-on de mètres de velours pour 570 fr. 3125 à 18 fr. 25 le mètre?

P. 373. Combien coûte le litre d'une pièce de vin qui revient à Paris, à 180 fr., sachant qu'elle contient 240 litres?

P. 374. Pour 12 fr. 50 j'ai acheté 50 centimètres de drap : combien coûte le mètre?

P. 375. Une route de 67 kilomètres coûte 1.058.600 fr. : à combien revient le kilomètre, l'hectomètre, le décamètre et le mètre ?

P. 376. On a payé 132 fr. 75 c. une pièce d'étoffe de 35 m. 40 cent. : combien coûte le mètre ?

P. 377. Pour 91 fr. j'ai acheté 364 bouteilles de vin : à combien me revient la bouteille ?

P. 378. A 2 francs le kilogramme de sucre : combien vaut l'hectogramme, le décagramme, et le gramme ?

P. 379. Un ouvrier a gagné 1782 f., dans 264 journées de travail : combien a-t-il gagné par jour ?

P. 380. Lorsque 0 fr. 2925 dix-millièmes sont le prix de 0 m. 65 centimètres : combien coûte le mètre ?

P. 381. A 108 fr. la grosse de canifs : combien coûte la douzaine et le canif; la grosse est de 12 douzaines ?

P. 382. Lorsque pour 89 fr. on a 24 mètres de mérinos : combien coûteront 28 m. 30 c. de la même étoffe ?

P. 383. 45 ouvriers ont fait 164 m. 25 cent. d'un ouvrage : combien 75 ouvriers en feraient-ils ?

P. 384. Lorsqu'un ouvrier a gagné 1381 f. 25 cent. en 325 jours : combien aurait-il gagné s'il n'avait travaillé que 285 jours ?

P. 385. En 15 jours 3 hommes ont fait un

ouvrage de 117 mètres : combien 10 hommes, pendant 24 jours, en auraient-ils fait ?

P. 386. 46 ouvriers en 8 jours, travaillant 12 heures par jour, ont fait un ouvrage de 2760 mètres : combien 23 ouvriers, travaillant 12 heures par jour, mettront-ils de jours pour faire le même ouvrage ?

P. 387. 14 peintres, en 8 jours, travaillant 9 heures par jour, ont fait 4032 mètres carrés de peinture : combien faut-il que 12 ouvriers pendant 7 jours, travaillent d'heures par jour, pour faire 3360 mètres du même ouvrage ?

P. 388. Trois ouvriers ont fait un travail de 200 fr. : le premier a travaillé pendant 18 jours, le second, pendant 25 jours, et le troisième, pendant 7 jours : combien chaque ouvrier doit-il recevoir à raison des journées qu'il a faites ?

P. 389. Quatre personnes se sont associées : la première a mis 4000 fr., la deuxième 3500 fr., la troisième 2500 fr., et la quatrième 2000 fr. : on demande le bénéfice qu'il revient à chacune à raison de sa mise, sachant qu'elles ont gagné 1800 fr. ?

P. 390. Un marchand de vin a mélangé trois pièces de vin ; la première contient 240 litres et lui coûte 48 fr., la seconde contient 235 litres et coûte 50 fr. ; la troisième contient 250 litres, et coûte 75 fr. : à combien lui revient le litre de chaque pièce, et celui du mélange ?

P. 391. Quel est l'intérêt de 450 fr. pendant un an, à 5 pour cent par an ?

P. 392. On demande l'intérêt de 1400 fr. pendant 3 ans à 6 pour cent par an ?

P. 393. Une personne fait escompter un

billet de 275 fr., on lui prend 3 pour cent : combien doit-elle recevoir, l'escompte déduit ?

P. 394. Quel est l'intérêt de 3450 francs pendant 5 mois, à 6 pour cent par an ?

P. 395. Un ouvrier a travaillé pendant 5 jours à un ouvrage ; le premier jour il a fait 4 mètres, le deuxième 4 mètres 50 centim., le troisième 3 mètres 75 cent., le quatrième 5 m., et le cinquième 5 m. 25 c. : combien a-t-il fait de mètres en moyenne par jour ?

P. 396. Un marchand de vin a acheté une pièce de vin 50 francs, et payé pour 36 francs d'entrée ou de frais : combien faut-il qu'il vende le litre pour gagner 30 francs ; sachant que la pièce contient 240 litres ?

P. 397. On a payé, pour faire transporter 250 kilogrammes 12 fr. 50 cent. : combien paiera-t-on pour le transport de 6 caisses pesant chacune 235 kilogrammes ?

P. 398. Un tailleur a acheté deux pièces de drap : la première de 62 mètres, lui coûte 899 francs, et la seconde de 38 mètres, ne lui coûte que 780 francs : quel est le prix du mètre de chaque pièce et quelle est la plus chère et de combien ?

P. 399. Pour un ballot de marchandises, contenant 36 pièces, de chacune 42 m. 50, on a payé 19 fr. 125 de port : combien cela fait-il par mètre ?

P. 400. Lorsque 45 hommes, pendant 15 jours, travaillant 10 heures par jour, font 250 mètres d'ouvrage : combien 25 hommes, pendant 30 jours, travaillant 10 heures par jour, feront-ils de mètres du même ouvrage ?

SOLUTIONS

ET

RÉPONSES.

RÉPONSES

DES

EXERCICES SUR L'ADDITION.

1	170	21	2.165
2	233	22	1.889
3	196	23	2.359
4	197	24	1.976
5	188	25	1.325
6	145	26	16.896
7	130	27	20.196
8	148	28	19.979
9	180	29	24.887
10	202	30	18.809
11	211	31	1.770
12	255	32	19.765
13	216	33	236
14	247	34	18.128
15	199	35	19.439
16	1.732	36	2.723
17	1.872	37	16.244
18	1.718	38	12.131
19	2.303	39	22.977
20	2.530	40	86.232

41	221,06	71	200.609
42	782,95	72	4.017
43	14.385	73	1.558.334
44	24,50	74	1.519
45	42,93	75	2.106
46	13,530	76	44,66
47	853,28	77	397,33
48	1.193,655	78	30,368
49	30,77	79	3.111,42
50	32,53	80	257,99
51	211,69	81	59.074
52	14.498	82	472.066
53	10,691	83	23.299.498
54	2.514,27	84	99,996
55	14.228,15	85	308,36
56	1.913	86	22.798
57	1.560	87	14.766
58	1.465	88	9.498.669
59	1.818	89	1.050,29
60	1.500	90	251.961
61	22.237	91	213,188
62	19.950	92	117,842
63	25.233	93	19,419
64	23.075	94	2.141,785
65	20.745	95	114,102.175
66	428.264	96	115.070.627
67	2.543	97	1.654,458
68	23.345	98	7.691,823
69	273	99	193,915
70	232.544	100	96.747

SOLUTIONS

DES

PROBLÈMES SUR L'ADDITION.

1	145 cerises.	31	12 hect. 30 litres.
2	2411 francs.	32	10 fr. 75 cent.
3	92 francs.	33	81 gr. 280 millig.
4	153 mètres.	34	181 fr. 25 cent.
5	1836 francs.	35	1907 fr. 90 cent.
6	365 jours.	36	287 gr. 13 centigr.
7	735 kilogrammes.	37	En 1873.
8	951 chevaux.	38	A 62 ans.
9	2500 arbres.	39	2e 40 fr. 3e 65 fr.
10	1.394 francs.		somme 130 fr.
11	2.461 francs.	40	72 jours; 141 mèt.
12	1.745 kilogram.		645 francs.
13	3.367 mètres.	41	1085 francs.
14	9 683 arbres.	42	1re pers. 48 francs.
15	297.451 habitants		2e — 64 fr.
16	4.745.653 habit.		3e — 112 fr.
17	1638 kilogramm.		somme 224 francs.
18	4.051 hommes.	43	2.826 fr. 75 c.
19	1.382.183 hab.	44	64.530 fr. 45 c.
20	31.808 kilogram.	45	1872 stères.
21	92.225 francs.		25.845 francs.
22	107 m. 50.	46	725 litres.
23	24 fr. 55 cent.		221 fr. 30 cent.
24	320 m. 90 cent.	47	199 m. 40 cent.
25	151 francs.		369 francs.
26	13 fr. 30 cent.	48	2.527 hectolitres.
27	349 fr. 85 cent.		9 h. 44 ares 25 c.
28	12.072 fr. 55 c.	49	527 mètres.
29	122 h. 95 a. 36 c.		1166 fr. 25 c.
30	37 kil. 610 gram.		

50	113 m. 10 cent.	77	39 m. 35 plinthes.
	2.266 fr. 20 cent.		36 m. 15 cymaises.
51	43 grammes 75 c.	78	7 h. 25 ares 6 c.
52	50 kilog. 51 décag.	79	3.481.350 habit.
53	3 mètres 83 cent.		1922857 hectares.
54	19 g. 35.483 c.-m.	80	81 m. c. 45 décim.
55	15 gr. 2049 dix-m.	81	8002 stères.
56	1.193.342 hectol.	82	8 hect. 30 litres.
57	696.504 têtes.		215 fr. 25 cent.
58	36.276.561 fr.	83	2559 hect. 7 décal.
59	7.389.370 fr.	84	2 litres 84 centil.
60	26.790.300 hecto.	85	932 kil 41 décag.
61	967.690 naissanc.	86	228 gr. 260 mill.
62	31.304 naissances	87	9314 fr. 55 cent.
63	1329 francs.	88	127 mètres 15 c.
	212 m. 40 centim.		387 fr. 85 cent.
64	En 1899.	89	2541 stères 5 déc.
65	1.194.603 habit.		27.830 fr. 75 c.
66	107 fr. 35 cent.	90	15 francs 90 cent.
67	105 h. 61 ares 69 c.	91	2 francs 75 cent.
68	111.410 fr.	92	En 1907.
69	73.779 fr. 75 c.	93	8495 fr. 46 c.
	7.429 stères.	94	364 jours.
70	924.838.000 hab.		484 m. 42 décim.
71	222.383.000 hab		3.608 fr. 05 cent.
72	315 francs la 1re,	95	115 k. 4 h. 12 f. 40.
	365 fr. 2e	96	5.112 fr. 95 cent.
	390 fr. 3e	97	497 gr. 495 mill.
	705 4e som. 1775		1092 fr. 85 cent.
73	12.425 fr. 25 cent.	98	23.504 fr. 05 c.
74	1.328.947,22.		3934 m. 75 c.
75	213 mètres 60 c.	99	30.463 fr. 25.
76	6 mètres 68 cent.	100	1.537.480 habit.

RÉPONSES
DES
EXERCICES SUR LA SOUSTRACTION.

101	13	131	2,20
102	31	132	1,46
103	45	133	36,05
104	18	134	15,65
105	24	135	3,465
106	17	136	94,7
107	19	137	3,845
108	31	138	447,65
109	24	139	0,19
110	19	140	0,786
111	226	141	58.8
112	148	142	2,26
113	96	143	196,6
114	607	144	238,86
115	283	145	1,237
116	287	146	261
117	188	147	2775
118	181	148	32,87
119	388	149	3,37
120	277	150	1567
121	477	151	3875
122	1889	152	15.107
123	4375	153	408.795
124	3229	154	28.331
125	1791	155	28.299
126	1376	156	2209
127	1356	157	2611
128	205	158	3274
129	577	159	48.899
130	825	160	48.585

161	297,07	181	3,04
162	673,011	182	5624
163	1,085	183	66.268
164	0,460	184	2423
165	0,0368	185	0,0025
166	24,95	186	2261
167	27,50	187	18
168	34,75	188	0,929
169	186,22	189	16.665
170	2,908	190	9034,75
171	16.193	191	203.721
172	18.289	192	18.525
173	0,015	193	421.321
174	0,056	194	2,35
175	0,0175	195	0,192
176	5.853.955	196	0,0185
177	3,24	197	49,25
178	860	198	3.927.679
179	23.624,08	199	0,053
180	0,755	200	36,014

SOLUTIONS
DES
PROBLÈMES SUR LA SOUSTRACTION.

101	33 billes.	131	94 hectolitres.
102	430 francs.	132	8 fr. 75 cent.
103	87 stères.	133	24 fr. 50 cent.
104	76 litres.	134	24 fr. 65 cent.
105	21 mètres.	135	805 hectolitres.
106	265 moutons.	136	18 m. 80 centim.
107	168 hectolitres.	137	355 melons.
108	685 francs.	138	182 m. 75 cent.
109	607 kilomètres.	139	2058 noisettes.
110	5720 francs.	140	449 fr. 25 cent.
111	187 ares.	141	79 ans.
112	1103 francs.	142	1781 (l'année).
113	325 kilogrammes.	143	465 kilog. 930 fr.
114	315 francs.	144	75 francs.
115	87 litres.	145	20.538 francs.
116	186 kilomètres.	146	2077 kilogr.
117	185 francs.	147	11 hect. 78 ares.
118	2665 francs.	148	9 myriam. 6 kil.
119	365 arbres.	149	3629 abonnés.
120	2137 moutons.	150	55 litres.
121	919 hommes.	151	1 gr. 075 milligr.
122	255 francs.	152	0 m 007 millim.
123	147 ares.	153	313 kilog. 5 hect.
124	89 kil. 10 décagr.	154	3214 habitants.
125	142 francs.	155	0 m. 579 millim.
126	2 h. 65 ares.	156	245 grammes.
127	27 ans.	157	1 m. 555 millim.
128	8 francs 80 cent.	158	48 gr. 27 centig.
129	258 m. 75 cent.	159	63 mètres.
130	209 fr. 75 cent.	160	971 mètres.

161	3011 mètres.
162	474.505 habitants
163	1.325.009,8 fois.
164	19.930 jours.
165	20.660 mètres.
166	1759 (l'année).
167	695 années.
168	353 années.
169	85 ans.
170	108 années.
171	100 fr. 25 cent.
172	112 h. 81 a. 22 sup.
	64 h. 45 a. 47 reste.
173	1523 st. reste 1148
174	165 kil. 30 décag.
	152 k. 92 d. objets.
175	276 m. 25.
	2884 fr. 65.
176	8 francs 10 cent.
	reste 1 fr. 90.
177	1re race 332, 2e 235,
	3e 805, Rép. 12
	ans, Empire 10,
	Restaurat. 16.
178	41 ans.
179	1372 ans.
180	5 mètres 45 cent.
181	21.050 francs.
182	2654 fr. 75 donné.
	1345 fr. 25 redoit.
183	1re divis. 26, 2e 41,
	3e 60, 4e 101.
	nd. 22 élèves.
184	2896.
185	685 fr. 75 vente.
	165 fr. 75 gain.
186	4179 fr. 25.
187	30 litres.
188	1 fr. 55 cent.
189	8175 fr. redt 545 f.
190	0 m. 335 millim.
191	5 k. 575 gram.
192	4 fr. 49 centimes.
193	33.181.566 francs.
194	172 m. 10 c. 548 fr.
	on a gagné 38 fr.
195	1711 francs.
196	12.975.
197	16.790 h. perdus.
	81.285 h. restent.
198	70 fr. 30 cent.
199	1335 francs.
200	2130 francs.

RÉPONSES
DES
EXERCICES SUR LA MULTIPLICATION.

NOMBRES ENTIERS.

201	144	221	1548
202	235	222	3348
203	1490	223	1665
204	944	224	962
205	3144	225	2795
206	792	226	2262
207	3365	227	5088
208	10.100	228	5460
209	12.746	229	663
210	18.900	230	6566
211	195.726	231	34.545
212	101.584	232	388.620
213	65.049	233	394.218
214	306.235	234	288.770
215	335.120	235	396.198
216	360.600	236	3.892,224
217	289.134	237	3.658.438
218	989.212	238	8.440,875
219	2.139.480	239	256.465.216
220	2.787.345	240	985.932.160

NOMBRES DÉCIMAUX.

241	2868,75	251	27
242	1123,50	252	28,2625
243	1368,75	253	0,2625
244	553,77	254	2,88
245	728,64	255	0,0042
246	64.919,25	256	18,5625
247	1797,026	257	5,00775
248	169,165	258	1,5444
249	2131,42	259	0,0015
250	146,09375	260	0,0026.325

NOMBRES RENFERMANT DES ZÉROS.

261	268.713	271	473.500
262	446.960	272	6.820
263	42.930.800	273	730.000
264	2.976.260	274	475
265	45.900.000	275	7.560
266	1.920.000	276	124.725,60
267	240.440.160	277	380.850.000
268	38.444.800	278	267,50
269	288.068.400	279	307.000
270	181.440.000	280	816.630.000

NOMBRES VARIÉS.

281	64.827	291	8.075
282	2.170.000	292	323,73
283	4,0375	293	98.550.000
284	631,35	294	209,95
285	1,42625	295	0,18
286	184.844,1	296	0,0042
287	96.220,8	297	652.050.000
288	10.760.100	298	83.600.000
289	9,625	299	1.424.315,20
290	141,1739	300	3.929,6607

SOLUTIONS

DES

PROBLÈMES SUR LA MULTIPLICATION.

201	365	×	4	=	1460 jours.
202	25	×	7	=	175 feuilles.
203	47	×	6	=	282 mètres.
204	762	×	5	=	3 kilog. 810 gram.
205	24	×	7	=	168 jours.
206	324	×	6	=	1944 sillons.
207	36	×	9	=	324 francs.
208	245	×	6	=	1470 litres.
209	425	×	8	=	3400 hectolitres.
210	175	×	6	=	1050 kilogrammes.
211	25	×	36	=	900 francs.
212	45	×	674	=	30.330 francs.
213	365	×	74	=	27.010 jours.
214	68	×	54	=	3672 francs.
215	24	×	365	=	8760 heures.
216	34	×	18	=	612 jours.
217	125	×	12	=	1500 francs.
218	147	×	38	=	5 k. 586 grammes.
219	235	×	27	=	6345 litres.
220	164	×	375	=	61.500 kilogramm.
221	4,75	×	36	=	171 francs.
222	24	×	65,35	=	1568 fr. 40 cent.
223	6,50	×	167	=	1085 fr. 50 cent.
224	16,75	×	745	=	12.478 fr. 75 cent.
225	4,25	×	12	=	51 francs.
226	15,6	×	24	=	374 kilom. 4 hect.

227	20,35	×	2,45	=	49 f.8575(1)dix-m.
228	18,25	×	32,5	=	593 fr. 125 milliem.
229	2,75	×	365	=	1003 fr. 75 cent.
230	1,80	×	6,35	=	11 fr. 43 centimes.
231	2500	×	4,7560	=	11.890 francs.
232	1,25	×	54	=	67 fr. 50 centimes.
233	0,80	×	48,50	=	38 fr. 80 centimes.
234	750	×	365	=	273 kilog. 750 gr.
235	16,75	×	14,5	=	242 fr. 875 mill.
236	48	×	6.375	=	306 francs.
237	132,9	×	2709	=	360.026k.1 hectog.
238	78	×	365	=	28.470 personnes.
239	23,75	×	386	=	9167 fr. 50 cent.
240	0,75	×	4,25	=	3 fr. 18 c. 75 cent.
241	36,50	×	280	=	10.220 francs.
242	15,60	×	6,75	=	105 fr. 30 cent.
243	35	×	27,8	=	973 hectolitres.
244	486	×	179	=	86.994 kilogramm.
245	275	×	43,85	=	12.058 hect. 75 litr.
246	54	×	296	=	15.984 chandelles.
247	2,45	×	847	=	2075 fr. 15 cent.
248	0,125	×	7428	=	928 fr. 50 cent.
249	26,75	×	367,24	=	9823 fr. 67 cent.
250	18,75	×	27,30	=	511 fr. 87 c. 5 dix^{e}.
251	915	×	0,75	=	686 gr. 25 centigr.
252	0,25	×	0,35	=	8 cent. 75 centièm.
253	1,30	×	0,740	=	96 c. 2 dixièmes.
254	0,95	×	0,75	=	71 c. 25 centièmes.
255	0,045	×	0,0985	=	0,0044.325 cent-millionièmes.
256	125	×	0,725	=	90 gr. 625 milligr.

(1) Dans la pratique on ne compte que les centimes, et l'on néglige les autres chiffres décimaux; mais lorsque le 3e chiffre décimal est plus fort que 5 on augmente le 2e d'une unité.
Ex. : 4 fr. 2535 = 4 fr. 25; 3 fr. 4275 = 3 fr. 43.

257	0,80 × 0,35 = 28 centimes.
258	0,15 × 0,45 = 6 centimes 75 cent.
259	0,85 × 0,05 = 4 centimes 25 cent.
260	0,08 × 10,065 = 80 centimes 52 c.
261	760 × 500 = 380.000 francs.
262	17.000 × 30 = 510.000 francs.
263	600 × 8500 = 5.100.000 francs.
264	25,60 × 2060 = 52.736 francs.
265	680 × 4808 = 3.269.440 francs.
266	150 × 640 = 96.000 mètres.
267	270 × 35 000 = 9.450000 kilogr.
268	45 × 10 = 450 fr. la dizaine;
	45 × 100 = 4500 fr. le cent;
	45 × 1000 = 45.000 fr. le mille.
269	0,05 × 10 = 50 cent. le décagr.
	0,05 × 100 = 5 fr. l'hectogram.;
	0,05 × 1000 = 50 fr. le kilogram.
270	450 × 100 = 45.000 francs l'are.
	450 × 10.000 = 4.500.000 f. l'hect.
271	28,70 × 45,06 = 1293 fr. 22 c. 20 c.
272	24,50 × 4.500 = 110.250 mètres.
273	240 × 620 = 1488 hectolitres,
	[14.880 décalitres, 148.800 litres.
274	0,40 × 0,35 = 0 fr. 14 centimes.
275	2,75 × 40 = 110 fr. pr. de la c.
	110 × 67 = 7370 f. pr. des 67 c.
276	3,50 × 360 × 100 = 126.000 francs.
277	68 × 365 = 24.800 j. × 24 = 595.680 h.
	595.680 × 60 = 35.940.800 min.
	35.740.800 × 60 = 2.144.448.000 sec.
278	365 × 1845 j. = 673.425 × 24 =
	16.162.200 h. × 60 = 969.732.000 min.
	969.732.000 × 60 = 58.183.920.000 sec.
279	0,95 × 748 × 100 = 71.060 francs.
280	0,875 × 8 × 68 = 476 francs.
281	50 × 46 × 600 = 1.380.000 lettres.

282 1re pièce 18,50 × 47,25 = 874 f. 125.
2e — 23,75 × 20,30 = 482 f. 125.
3e — 40 × 36 = 1440 f.
4e — 30,40 × 27,80 = 845 f. 12.
5e — 14,75 × 29,35 = 432 f. 9125.
6e — 17,90 × 36,45 = 652 f. 4550.
Les 6 pièces ont 197m15 coût. 4726 f. 7375.

283 18,80 × 46,75 = 878 francs 90.
278 + 183,50 = 461 fr. 50 argt 417 fr. 40

284 18,25 × 28,70 = 523 fr. 775 vente.
16,50 × 28,70 = 473 fr. 55 achat.
50 fr. 225 bénéfice.

285 250 × 36 = 90 hectol. × 20 = 1800 fr.

286 1er ouvrier 4,75 × 28 = 133 francs.
2e — 4,25 × 28 = 119 fr.
3e — 3,75 × 28 = 105 fr.
4e — 3,50 × 28 = 98 fr.
Il faut pour les 6 ouvriers 455 fr.

287 6,75 × 36,50 = 246 f. 375 vente.
5,90 × 36,50 = 215 f. 35 cent. achat.
31 f. 02 c. 5 bénéfice.

288 27,80 × 1,85 = 51 fr. 43 cent. drap.
0,85 × 1,70 = 1 fr. 445 mill. doublure.
6,45 + 30 + 52,875 = 89 fr. 325 habit.

289 18,40 × 200 = 3680 fr. vente du blé.
10,75 × 550 = 5912 50 » de l'avoine
3,85 × 450 = 1732 50 » p. de terre
Vente totale 11.325 francs.
4000 + 5750 = 9750 — 1575 fr bénéf.

290 16,50 × 350 = 5.775 f. vente totale.
17,25 × 520 = 8.970 fr. 14.745 fr.
14,60 × 870 = 12.702 fr. achat.
14.745 — 12.702 = 2043 fr. bénéfice.

291 18,50 × 26,75 = 494 f. 875 prix d'ach.
21,75 × 6 = 130 f. 50 total de la
22 × 5,75 = 126 f. 50. vente.
20,50 × 15 = 307 f. 50 564 fr. 50.

564 fr. 50 — 494,875 = 69 fr. 625 bénéf.
292 3,60 × 45 = 162 fr. prix de la toile.
0,95 × 26 = 24 70 prix du calicot.
3050 + 1575 + 186 70 = 4811f.70 total.
8000 — 4811,70 = 3188 fr. 30 argent.
293 450 × 35 = 15.750 francs, achat.
15,80 × 35 = 553 fr. frais.
Déboursé total 16.303 francs.
294 260 × 526 = 136.760 kilogram.
295 17,60 × 26,50 = 466 f. 40 Prix des
18.25 × 30,60 = 558 f. 45 3 pièces.
20,45 × 35,90 = 734 f. 155 1759 f. 005
425 + 175,25 + 390 = 990 f. 25 billets.
1759,005 — 990,25 = 768 fr. 755 argent.
296 19,75 × 208 = 4108 fr. valeur du blé.
9,35 × 385 = 3599 f. 75 » de l'avoine.
Le dernier redoit 508 fr. 25.
297 2,25 × 25 = 56 f. 25 pr. de la toile.
0,85 × 16.75 = 14 2375 de l'indienne
4,75 × 8,50 = 40 3750 du mérinos.
0,70 × 20,50 = 14 35 du calicot.
Dép[ce] totale 6,30 + 125[f].21 25 = 131[f].51[c].25
298 2,75 × 26,35 = 72 f. 46 c. 25 bénéfice.
600 — 72,4625 = 527 f. 53 c. 75 achat.
299 3,50 × 15 × 28 = 1470 fr. } somme.
2,75 × 20 × 28 = 1540 fr. } 4760 fr.
2,50 × 25 × 28 = 1750 fr. }
300 6,45.161 × 30 = 193 gr. 5483 p[ces] de 20 f.
12,92.322 × 10 = 129 gr. 2322 p[ces] de 40 f.
20 × 5 = 100 gr. poids des 20 f.
Poids de la bourse 422 gr. 7805 dix-millig.
20 × 30 = 600 fr. val. des p. de 20 f.
40 × 10 = 400 » » de 40 f.
La bourse contient 1000 + 20 = 1020 f.

RÉPONSES

DES

EXERCICES SUR LA DIVISION.

NOMBRES ENTIERS.

301	216	321	2.534
302	248	322	33.803
303	156	323	623
304	146	324	3.450 reste 5
305	451	325	22.506
306	518 reste 1	326	245
307	516	327	427
308	2.823	328	204
309	12.264	329	26
310	7.792	330	4.704
311	17.561	331	1.158,59—128
312	4.571 — 3	332	567,34—250
313	6.802,5	333	12.686,71—68
314	17.360	334	10.205
315	19.156	335	563
316	2.668	336	725
317	1.424	337	621,065 reste 2075
318	1.611	338	30,33 reste 2335.
319	11.255	339	65,89 reste 22.675
320	24.966	340	423

QUOTIENTS ÉVALUÉS EN DÉCIMALES.

341	0,25	346	0,64
342	0,24	347	0,0081 reste 2500
343	0,75	348	0,0868 reste 3700
344	0,64	349	0,048
345	0,24	350	0,0165 reste 3375

NOMBRES ACCOMPAGNÉS DE ZÉROS.

351	27	356	78.069
352	320	357	4.500
353	10,5	358	17,33 reste 15
354	21,2	359	275,4
355	672	360	735

NOMBRES DÉCIMAUX.

361	43	371	624
362	75,285 reste 25	372	824
363	365	373	3,6
364	2635	374	24,75
365	4,50	375	0,275
366	463	376	7,2857 reste 5
367	2,35	377	5464
368	34,544 reste 70	378	0,75 reste 25
369	7,35	379	0,025
370	0,364	380	0,45

NOMBRES VARIÉS:

381	7,25	391	4,25
382	136 reste 60	392	4006
383	750	393	3700
384	3450	394	67,85
385	64	395	0,004570
386	3,65	396	4,25
387	247	397	19,04
388	30,75	398	0,125
389	25	399	27,35
390	0,0001347 reste 40	400	0,25

SOLUTIONS

DES

PROBLÈMES SUR LA DIVISION.

301	654 : 3	=	218 billes.
302	375 : 5	=	75 bons points.
303	153 624 000 : 8	=	19.203.000 kilom.
304	30.408 : 4	=	7602 francs.
305	1170 : 5	=	234 litres.
306	432 : 6	=	72 kilogrammes.
307	4466 : 7	=	638 semaines.
308	2375 : 5	=	475 pièces.
309	3105 : 9	=	345 francs.
310	29.400 : 8	=	3675 mètres.
311	350 : 34	=	10fr.29c.reste14.
312	1560 : 24	=	65 jours.
313	5552 : 16	=	347 journées.
314	344 : 24	=	14 fr. 33 c. reste 8.
315	3290 : 35	=	94 moutons.
316	40.000 : 35	=	1142 joursreste30
317	455 : 14	=	32 fr. 5 décimes.
318	720 : 16	=	45 jours.
319	304 : 64	=	4fr. 75 centimes.
320	8.760 : 24	=	365 jours.
321	1.200 : 365	=	3f.28c.76reste260
322	673.425 : 365	=	1845 années.
323	2.340 : 624	=	3 fr. 75 cent.
324	57.450 : 426	=	134 kil.859 gr. reste 66.
325	51.600 : 240	=	215 pièces.
326	7.047 : 324	=	21 fr. 75 centim.
327	9.447 : 564	=	16 fr. 75 cent.
328	850.000 : 467	=	1820 f. 12 c. reste 396.
329	46.570 : 3675	=	12 fr. 67 c. reste 775.
330	34.230.178 : 527.686	=	64 hab. 868 reste
331	1258,75 : 265	=	4 fr. 75 c. [242.552.

332 10.810 : 235 = 46 pièces.
333 12.941,25 : 3045 = 4 kilog. 25 décag.
334 150,4 : 64 = 2 stères 35 centist.
335 5718,125 : 1307 = 4m.375déci.cubes.
336 3555 : 79 = 45 ares.
337 16815 : 3540 = 4 fr. 75 centimes.
338 102.750 : 375 = 274 jours.
339 23.593,5 : 630 = 37 m. 45 centim.
340 918,75 : 245 = 3 fr. 75 centimes.
341 70.262,5 : 1925 = 36 hectol. 5 décal.
342 16.500 : 6 = 2750 francs.
343 1402,5 : 85 = 16 fr. 50 cent.
344 134 520 : 4750 = 28 ares 32 centiar.
345 62.400 : 975 = 64 rames.
346 15 : 25 = 60 centimes.
347 5000 : 25 = 200 pièces.
348 5,80 : 464 = 1 centime 25 cent.
349 23.940 : 35 = 684 oranges.
350 33,75 : 75 = 0 fr. 45 centimes.
351 6 : 24 = 0 fr. 25 centimes.
352 48 : 64 = 0 fr. 75 centimes.
353 51 : 204 = 0 fr. 25 centimes.
354 75 : 240 = 31 cent. reste 60.
355 30 : 75 = 40 centimes.
356 224 : 640 = 0 fr. 35 centimes.
357 131 : 524 = 25 centimes.
358 88 : 704 = 0 fr. 125 millièmes.
359 7 : 25 = 0 fr. 28 centimes.
360 12 . (20 × 25) = 12 : 500 = 0 fr. 024 millmes
361 3.000 : 150 = 20 francs.
362 70.000 : 500 = 140 mètres.
363 21.000 : 250 = 84 pièces.
364 0 fr. 40 l'hectog., 0 fr. 04 cent. le décag., 0 fr. 004 millièmes le gramme.
365 1 fr. 80 le décal., 0 fr. 18 cent le litre.
366 14 fr. le stère et 1 fr. 40 cent. le décistère.

367 67500 : 15 = 4500 fr. l'hect. 45 fr. l'are et 0 fr. 45 cent. le centiare.

368 10 pièces	de 40 fr.;	800 pièces	de 50 c.
20 »	de 20 fr.;	1600 »	de 25 c.
80 »	de 5 fr.;	4000 »	de 10 c.
200 »	de 2 fr.;	8000 »	de 5 c.
400 »	de 1 fr.;	40000 »	de 1 c.

369 50.000 000.000 : 132.687 = 376.826 fr. le kilom., 37.682 fr. 6 décimes l'hectom., 3768 f. 26 le déc. et 376 f. 826 mill^{mes} le ^{m}.

370 3 fr. 50 le cent, 35 centimes la dizaine, 0 fr. 035 millièmes la pièce.

371 20.710 : 4360 = 4 fr. 75 cent.

372 57031,25 : 1825 = 31 m. 25 cent.

373 180 : 240 = 75 centimes.

374 1250 : 50 = 25 francs.

375 1 058 600 : 67 = 15.800 f. le kilom., 1580 f. l'h., 158 f. le décam., 15 f. 80 le m.

376 13.285 : 3540 = 3 fr. 75 centimes.

377 91 : 364 = à 25 centimes.

378 2 décimes l'hectog., 2 centimes le décag., 2 millièmes le gramme.

379 1782 : 264 = 6 fr. 75 cent.

380 29,25 : 65 = 0 fr. 45 centimes.

381 108 : 12 = 9 fr. la douzaine 9 : 12 = 0 fr. 75 centimes le canif.

382 89 : 24 = 3 fr. 75 prix du mètre.
3,75 × 28,30 = 106 fr. 125 prix des 28^{m}. 30^{c}.

383 164,25 : 45 = 3^{m}.65^{c}. travail d'un ouvrier.
3,65 × 75 = 273 fr. 75 c. des 75 ouvriers

384 1381,25 : 325 = 4 fr. 25 c. par jour.
4,25 × 285 = 1211 fr. 25 c. en 285 jours.

385 117 : (15 × 3) = 2 m. 60 par jour.
2,60 × 24 × 10 = 624 mètres.

386 46 × 8 × 12 = 4416 heures.
4416 : (12 × 23) = 16 jours.

387 $4032 : (14 \times 8 \times 9) = 4$ mètres par heure.
$3360 : (4 \times 12 \times 7) = 10$ heures par jour.

388 $200 : (18 + 25 + 7) = 200 : 50 = 4$ f. par jour.
Le 1er ouvrier recevra $4 \times 18 = 72$ fr.
2e » $4 \times 25 = 100$ fr.
3e » $4 \times 7 = 28$ fr.

389 $1800 : (4000 + 3500 + 2500 + 2000 =$
$1800 : 12000 = 0$ fr. 15 centim. par franc.
La 1re personne a $0,15 \times 4000 = 600$ fr.
2e » $0,15 \times 3500 = 525$ fr.
3e » $0,15 \times 2500 = 375$ fr.
4e » $0,15 \times 2000 = 300$ fr.

390 1re pièce $48 : 240 = 20$ c. prix du litre.
2e » $50 : 235 = 21$ c. »
3e » $75 : 250 = 30$ c. »
Mélange $173 : 725 = 23$ cent. 86 c. »

391 $450 \times 5 = 2250 : 100 = 22$ fr. 50 c.

392 $1400 \times 6 \times 3 = 25.200 : 100 = 252$ fr

393 $275 \times 3 = 825 : 100 = 8$ fr. 25 escompte.
$275 - 8,25 = 266$ fr. 75 qu'elle recevra.

394 $3450 \times 5 \times 6 = 103.500$.
$103.500 : (12 \times 100) = 86$ fr. 25 intérêts.

395 $4 + 4,50 + 3,75 + 5 + 5,25 = 22$ m. 50.
$22,50 : 5 = 4$ mètres 50 cent. par jour.

396 $50 + 36 + 34 = 120 : 240 = 0$ fr. 50 c.

397 $12,50 : 250 = 5$ cent. par kilogramme.
$0,05 \times 235 \times 6 = 70$ fr. 50 cent.

398 $899 : 62 = 14$ f. 50 prix du mètre de la 1re
$780 : 48 = 16$ f. 25 » » 2[e]
$16,25 - 14,50 = 1$ fr. 75 c. différence

399 $19,125 : (42,50 \times 36) = 0$ fr. 0125 dix-millièmes port d'un mètre.

400 $250 : 45 \times 15 \times 10 = 0$ m. 037 millim.
$0,037 \times 25 \times 30 \times 10 = 277$ m. 50 c.

TABLE DES MATIÈRES,

POUVANT SERVIR DE QUESTIONNAIRE.

www.ingramcontent.com/pod-product-compliance
Ingram Content Group UK Ltd.
Pitfield, Milton Keynes, MK11 3LW, UK
UKHW051022210726
13857UKWH00007B/1086